Mode Muh'd Abduljalil
Rabi'u Umar Aliyu

Bioquímica Clínica, Índices Imunológicos e Impacto dos Antioxidantes

Mode Muh'd Abduljalil
Rabi'u Umar Aliyu

Bioquímica Clínica, Índices Imunológicos e Impacto dos Antioxidantes

This book is a translation from the original published under ISBN 978-620-2-19664-2.

Publisher:
Sciencia Scripts
is a trademark of
Dodo Books Indian Ocean Ltd. and OmniScriptum S.R.L publishing group

120 High Road, East Finchley, London, N2 9ED, United Kingdom
Str. Armeneasca 28/1, office 1, Chisinau MD-2012, Republic of Moldova, Europe
Printed at: see last page
ISBN: 978-620-8-02729-2

QUADRO DE CONTEÚDO

BIOQUÍMICA CLÍNICA, ÍNDICES IMUNOLÓGICOS E IMPACTO DOS ANTIOXIDANTES E DA TERAPIA ANTI-RETROVIRAL ALTAMENTE ACTIVA EM DOENTES AFRICANOS COM SIDA

Mode Muh'd Abduljalil[1*]

Rabi'u Aliyu Umar[2] ,

Mu'azu Gusau Abubakar[2]

[1] Agência Nacional para a Administração e Controlo de Alimentos e Medicamentos (NAFDAC), Nigéria

[2] Departamento de Bioquímica, Universidade Usmanu Danfodiyo, Sokoto, Nigéria.

Autor correspondente: Correio eletrónico: <u>abdulmode@yahoo.com,</u> Tel: +234(0)8032561547

RESUMO

Este estudo avaliou os efeitos do VIH e dos ARV nos perfis glicémico e lipídico, nos antioxidantes e em alguns índices imunológicos em cinquenta seropositivos sem HAART, cinquenta seropositivos com HAART durante 1 a 6 meses, cinquenta com HAART durante 7 a 12 meses e cinquenta controlos seronegativos. Os perfis glicémico e lipídico foram analisados utilizando métodos baseados em enzimas. A glutationa reduzida (GSH), o malondialdeído (MDA), a catalase, as vitaminas A, C, E, as células T CD4 e a contagem total de leucócitos foram efectuadas utilizando métodos normalizados. O colesterol total, os TAG, o VLDLC e o FBS do grupo de controlo não diferiram significativamente (P>0,05) nos três grupos. O colesterol HDL foi significativamente mais baixo (p<0,05) no grupo sem HAART e no grupo que tomou HAART durante 1-6 meses, em comparação com o grupo de controlo. Os níveis de LDL-C foram significativamente mais elevados (P<0,05) nos doentes que tomaram HAART durante 1-6 meses em comparação com o controlo. O rácio LDL-C/HDL-C foi significativamente mais elevado (P<0,05) em todos os grupos, exceto nos que receberam terapêutica durante 7-12 meses, em comparação com o controlo. Os níveis de GSH foram significativamente mais baixos (P<0,05) nos doentes sem HAART, em comparação com os do grupo de controlo. Os doentes com VIH apresentam níveis significativamente mais elevados (P<0,05) de MDA e mais baixos de catalase do que os do grupo de controlo. Os níveis de vitaminas A, C e E foram significativamente mais baixos (p<0,05) nos doentes com VIH em comparação com o controlo. O nível de células T CD4 e a contagem de leucócitos foram significativamente mais baixos (P<0,05) do que no controlo. A avaliação regular do perfil lipídico deve fazer parte dos cuidados de rotina dos doentes com VIH e os suplementos de antioxidantes devem ser incorporados no tratamento dos doentes com VIH.

Palavras-chave: VIH, ARVs, HAART, Colesterol T, TAG, HDL-C, Catalase, Malondialdeído, Glutatião reduzido, Vitaminas A, C, E, contagem de células T CD4 e de leucócitos.

3

ABREVIATURAS

3TC	–	Lamivudine
ABC	–	Abacavir
ADP	–	Adenine Diphosphate
AI	-	Atherogenic Index
AIDS	–	Acquired Immunodeficiency Syndrome
ART	–	Antiretroviral Therapy
ARVs	–	Antiretroviral Drugs
ATP	–	Adenine 5^1 Triphosphate
AZT/ZDV	–	Zidovudine
CAT	–	Catalase
CD_4	–	Cluster of Differential 4
CDC	–	Centre for Disease Control
CIA	–	Central Intelligence Agency
CNS	–	Central Nervous System
CVD	-	Cardiovascular Disease
Cyt P_{450}	–	Cytochrome P_{450}
d4T	–	Stavudine
ddC	-	Zalcitabine
ddI	-	Didanosine
DLV	–	Delavirdine
DNA	–	Deoxyribonucleic Acid
EFV	–	Efavirenz
FBS	–	Fasting Blood Sugar
FCM	-	Flow Cytometry
FFA	-	Free Fatty Acids
FMOH	–	Federal Ministry of Health

FTC	–	Emtricitabine
Glut4	-	Glucose Transporter 4
gp-120	–	Glycoprotein 120
GSH	–	Reduced Glutathione
GSSH	–	Oxidized Glutathione
H_2O_2	–	Hydrogen Peroxide
HAART	–	Highly Active Antiretroviral Therapy
HDL-C	–	High Density Lipoprotein Cholesterol
HIV	–	Human Immunodeficiency Virus
HOMA-IR	-	Homeostasis Model Assessment of Insulin Resistance
HPLC	-	High Performance Liquid Chromatography
HTLV-III	–	Human T-lymphotropic Virus III
IDV	–	Indinavir
IL-6	-	Interleukin 6
IRIS	-	Immune Reconstitution Inflammatory Syndrome
KS	-	Kaposis Sarcomi
LAV	–	Lymphadenopathy Associated Virus
LDH	-	Lactate Dehydrogenase
LDL-C	–	Low Density Lipoprotein Cholesterol
LRP1	-	LDL-receptor-related protein type 1
MDA	–	Malondialdehyde
MMWR	–	Morbidity and Mortality Weekly Report
mRNA	–	Messenger Ribonucleic Acid
mtDNA	-	Mitochondrial Deoxyribonucleic Acid
NADH	–	Nicotinamide Adenine Dinucleotide
NNRTIs	–	Non Nucleoside Reverse Transcriptase Inhibitors
NRTIs	–	Nucleoside Reverse Transcriptase Inhibitors

NVP	–	Nevirapine
OI	-	Opportunistic Infections
OS	–	Oxidative Stress
PCP	-	Pneumocystis Carnii Pneumonia
PIs	–	Protease Inhibitors
PMTCT	–	Prevention of Mother to Child Transmission
POD	-	Peroxidase
ROS	–	Reactive Oxygen Specie
SOD	–	Superoxide Dismutase
SOSACA	–	Sokoto State Agency for the Control of AIDS
SQV	–	Saquinavir
SREBP	-	Sterol Regulatory Element Binding Proteins
SREBP-1	-	Sterol Regulatory Element Binding Protein-1
TAG	–	Triacylglycerol
TBA	–	Thiobarbituric Acid.
TC	-	Total Cholesterol.
TCA	–	Trichloacetic Acid.
TDF	–	Tenofovir.
TNF-α	-	Tissues Necrotic Factor-alpha.
UK	–	United Kingdom.
UNAIDS	–	United Nations Programme on AIDS.
USA	–	United State of America.
VCT	-	Voluntary Counselling and Testing.
VLDL-C	–	Very Low Density Lipoprotein Cholesterol.
WBC	-	Total White Blood Cell.
WHO	–	World Health Organization.

INTRODUÇÃO

Vírus da Imunodeficiência Humana (VIH)

O Vírus da Imunodeficiência Humana (VIH) pertence à família *Retroviridae*, subfamília *Lentivirinae* e género *Lentivirus* (Chiu *et al.*, 1985). Pertence à família devido à sua replicação sem pressa, longo período de incubação, estrutura, morfologia e propriedades biológicas partilhadas em comum (Wain-Hobsun *et al.*, 1985).

A infeção da imunodeficiência humana é causada por dois tipos de vírus, nomeadamente o VIH-1 e o VIH-2 (Gilbert *et al.*, 2003). O VIH-1 é o mais virulento e mais infecioso a nível mundial (Gilbert *et al.*, 2003). O VIH-2 tem uma capacidade de transmissão reduzida e a sua infeção está em grande parte limitada à África Ocidental (Reeves e Doms, 2002).

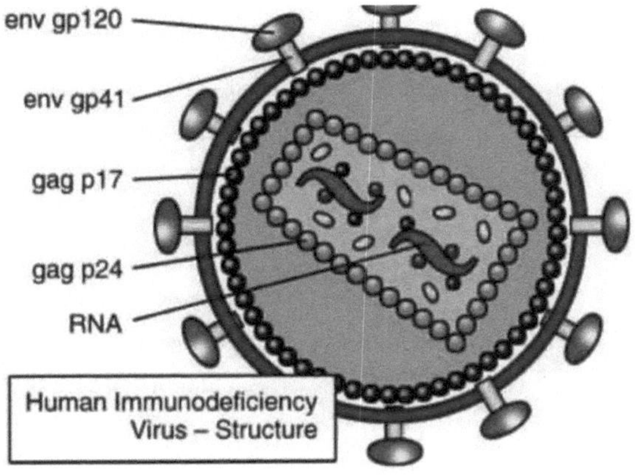

Figura 1: Estrutura do Vírus da Imunodeficiência Humana (VIH)

Adaptado de avert.org/hiv-structure

Esta estrutura do VIH está em conformidade com a forma estrutural típica de todos os membros da família dos retrovírus (Fisher *et al.*, 2007). O vírus (VIH) é constituído por duas (2) cadeias de ARN, quinze (15) tipos de proteínas virais e algumas proteínas da última célula hospedeira que infecta (Fisher *et al.*, 2007). O ARN do VIH é firmemente encerrado por um capsídeo em forma de cone que contém cerca de 2000 cópias da proteína viral gp24 e enzimas como a transcriptase reversa, a protease, a ribonuclease e a integrase, necessárias para o desenvolvimento do virião, todas elas delimitadas pelo envelope viral, que é composto por uma membrana de bicamada lipídica formada a partir da membrana celular da célula hospedeira durante a formação da partícula viral recém-formada (Deeks, 2001).

O VIH tem a capacidade de destruir células importantes do sistema imunitário, que incluem os linfócitos CD4, os macrófagos e as células dendríticas, expondo assim o sistema do corpo a numerosas infecções (Cunningham *et al.*, 2010). O vírus pode também provocar diretamente lesões no cérebro, nas gónadas, nos rins, no coração, insuficiência renal e cardiopatia (Garg *et al.*, 2012).

Síndrome de Imunodeficiência Adquirida (SIDA).

O VIH é um agente causador da síndrome da imunodeficiência adquirida (SIDA) e o VIH caracteriza-se por um longo período de persistência e replicação antes do aparecimento da doença, denominada SIDA (Coffin *et al.*, 1986).

A síndrome da imunodeficiência adquirida conduz à perda progressiva da imunidade celular devido a disfunções metabólicas (Samba e Tany, 1999). A perda progressiva da imunidade celular está associada a um defeito nas actividades imunológicas dos monócitos, neutrófilos, células assassinas naturais e a uma diminuição significativa dos níveis de células T $CD4^+$ (Ammann *et al.*, 1983; Zuich e Lane, 1991; Klatt, 1999). O complexo de disfunção imunitária nos doentes seropositivos predispõe-nos para infecções patogénicas (Groux *et al.*, 1992), infecções oportunistas (Peters *et al.*, 1991) e perturbações neurológicas ou doenças malignas invulgares (Khiangte *et al.*, 2007).

História do VIH/SIDA

O primeiro caso registado de infeção pelo VIH surgiu nos Estados Unidos da América no início da década de 1980, tendo sido detectado através de infecções oportunistas pouco comuns e de tumores malignos desconhecidos observados entre jovens homossexuais do sexo masculino (CDC, 1982). Nessa altura, esta infeção oportunista foi designada como Sarcoma de Karposis (SK), que ocorria frequentemente em pessoas idosas com cancro relativamente benigno (Greene, 2007).

Além disso, outros oito jovens homossexuais de Nova Iorque foram também notificados com casos mais graves de SK (Hymes *et al.*, 1981). Uma outra doença chamada *Pneumocystis Carinii Pneumonia* (PCP), que é uma infeção do pulmão, foi reconhecida mais tarde e os casos da doença estavam a aumentar tanto na Califórnia como em Nova Iorque (MMWR, 1981). Em junho de 1981, o Centro de Controlo de Doenças (CDC) publicou um relatório sobre os casos de PCP em Los Angeles, embora a causa da doença tenha sido identificada, o que assinalou o início da SIDA (Daniel, 1981). medida que os casos de PCP se propagavam a outros grupos populacionais, o Reino Unido identificou e registou o seu primeiro caso de infeção por VIH em dezembro de 19881 (Dubios *et al.*, 1981).

Além disso, a doença do VIH não foi designada já em 1982, mas o CDC designou-a por Linfadenopatia (glândulas inchadas), por vezes referida como KSOI em referência a doenças que estavam a ocorrer, ou seja, KS ou PCP (MMWR, 1982a). Outros nomes para a doença na altura incluíam Síndrome de Comprometimento Gay, imunodeficiência relacionada com gays, doença de imunodeficiência adquirida, cancro gay e disfunção imunitária adquirida na comunidade (Altman, 1982). Em julho de 1982, foi notificado ao CDC um total de 452 casos de infeção pelo VIH em 23 estados dos EUA (CDC, 1982). Posteriormente, em julho, foi relatada a propagação da doença em haitianos e hemofílicos (MMWR, 1982b). A doença foi correta e adequadamente designada como Síndrome de Imunodeficiência Adquirida (AID) pelo Centro de Controlo de Doenças (CDC) em setembro de 1982 (MMWR, 1982b).

Posteriormente, em janeiro de 1983, foi comunicado que a doença (SIDA) era contraída através de relações sexuais heterossexuais (MMWR, 1983b). Em maio de 1983, um médico francês do *Instituto Pasteur*, em França, isolou e comunicou a existência de um novo vírus proposto como agente causador da SIDA (Barre-Sinoussi, 1983). Durante a primeira reunião europeia da Organização Mundial de Saúde (OMS), realizada na Dinamarca em outubro de 1983, foi comunicado que os EUA tinham 2.803 casos de SIDA (MMWR, 1983a).

rdEm 23 de abril de 1984, um outro médico chamado Dr. Robert Gallo, do Instituto Nacional do Cancro, isolou um vírus que se acreditava ser o agente causador da SIDA e chamou-lhe vírus linfotrópico T humano-III (HTLV-III), embora já nessa altura se acreditasse claramente que o VLA e o HTLV-III eram o mesmo vírus (Altman, 1984). Os dois vírus (VLA e HTLV-III) foram confirmados como sendo o mesmo em janeiro de 1985 (Marx, 1985). No final de 1984, os casos de SIDA nos EUA aumentaram exponencialmente para 7 699 e foram registadas 3 665 mortes (AIDS Activity, 1984).

A primeira incidência de transmissão de mãe para filho foi registada em janeiro de 1985 (Ziegler *et al.*, 1985). A China e outras regiões do mundo comunicaram o seu primeiro caso de SIDA em 1985 (revista Time, 1986).

Na sequência da notificação de casos de SIDA em todo o mundo, o debate sobre a designação do vírus começa com um grupo de investigadores franceses que designou e insistiu no nome LAV, enquanto o grupo do Dr. Robert Gallo preferia que o vírus fosse designado HTLV-III, o que levou à intervenção do Comité Internacional para a Taxonomia dos Vírus, em maio de 1986, para designar o vírus como "Vírus da Imunodeficiência Humana" (Coffin *et al.*, 1986). Em junho de 1986, a OMS comunicou, durante a Conferência Internacional de Paris, que 10 milhões de pessoas tinham sido infectadas com o VIH em todo o mundo (Krieger e Appleman, 1986). Em setembro de 1986, outras investigações mostraram e provaram que um medicamento anticancerígeno, a azidotimidina (AZT), retardava o ataque do VIH (Fischl *et al.*, 1987). No final de 1986, a OMS recebeu 38.401 novos casos de infeção pelo VIH provenientes de 35 países do mundo (Bureau of Hygiene and Tropical Disease, 1986).

Na Nigéria, o primeiro caso de infeção por VIH foi notificado em 1986 pelo então ministro da saúde, na sequência de um relatório formal do Instituto Nacional de Investigação Médica da Nigéria (Adeyi, 2006). Naquele ano, a Nigéria era o único país africano menos afetado pelo VIH, com uma taxa de prevalência entre 0,15% e 1,3% (Chikwem *et al.,* 1989). Um ano mais tarde, em 1987, foi realizado um estudo de acompanhamento sobre a prevalência da infeção pelo VIH entre os trabalhadores do sexo, que revelou uma taxa de seroprevalência de 9,81% e concluiu que a taxa aumentaria significativamente dentro de poucos anos se não fossem tomadas medidas preventivas concertadas.

Fisiopatologia do VIH/SIDA

A entrada do vírus na célula hospedeira (no corpo humano) é acompanhada por uma rápida replicação viral, o que leva a uma abundância de vírus no sangue periférico; o nível de VIH pode atingir milhões de partículas de vírus por mililitro de sangue (Guss, 1994).

O VIH liga-se e penetra nas células T do hospedeiro através dos receptores de quimiocinas das moléculas CD4, provocando assim uma diminuição acentuada do número de células T CD4 em circulação (Cohen *et al.,* 1997). A ligação ao recetor CD4 leva a alterações conformacionais na gp 120, que posteriormente provocam a inserção da região N-terminal do péptido de fusão hidrofóbico na membrana da célula-alvo (Eckert e Kim, 2001). A membrana viral e a membrana da célula auxiliar fundem-se, libertando assim a enzima codificada pelo VIH, denominada transcriptase reversa, e o ARN na célula hospedeira (Guss, 1994). A ADN polimerase dependente do ARN (transcriptase reversa) copia o ARN do VIH para produzir ADN proviral, que sofre mutações para facilitar a geração do VIH que pode resistir ao controlo do sistema imunitário do hospedeiro e aos medicamentos anti-retrovirais (Ganser-Pornillos *et al.,* 2008). O ADN proviral entra no núcleo da célula hospedeira e é integrado no ADN do hospedeiro num processo que envolve outra enzima do VIH, a integrase (Chan e Kim, 1998). O ADN proviral integrado é duplicado juntamente com o ADN do hospedeiro, de modo a que o ADN proviral possa ser transcrito com o ARN do VIH e traduzido em proteínas do VIH, como as glicoproteínas do envelope 41 e 120 (Naik, 2010). Estas proteínas do VIH (gp 41 e 120) são reunidas no virião do VIH na membrana interna das células hospedeiras (Chan e Kim, 1998). O novo vírus infecta outras células hospedeiras e repete todo o processo que leva à destruição das células T auxiliares (Naik, 2010). Naik (2010) referiu que cada célula do hospedeiro pode produzir milhares de viriões e que o provírus pode ficar adormecido (não transcrito) no genoma do hospedeiro durante meses ou anos, o que é conhecido como período latente.

Se este processo fisiopatológico ocorrer nos linfócitos CD4 de forma progressiva e descontrolada, o VIH acabará por destruir as células CD4, reduzindo assim o seu número. Estas células CD4 infectadas podem também tornar-se funcionalmente defeituosas e ineficientes na execução das suas funções centrais de regulação imunitária (Mohammed e Nasidi, 2010). Mohammed e Nasidi (2010) observaram que uma outra magnitude da depleção de células CD4 é o desenvolvimento de infecções oportunistas ou doenças malignas que, de outro modo, não ocorreriam em indivíduos imunocompetentes, uma vez que a contagem de células CD4 é reduzida para menos de 200 células/mm^3 .

Epidemiologia do VIH/SIDA

A situação global

Após a descoberta da doença no início da década de 1980, a infeção pelo VIH continuou a ser uma das pandemias mais globais (Nasidi e Takena, 2004). O relatório publicado pela Organização Mundial de Saúde (OMS) sobre o resumo global da epidemia de SIDA em 2013 revelou que um total de 35,0 milhões de pessoas vivem com o VIH em todo o mundo, das quais 31,8 milhões são adultos, 16,0 milhões e 3,2 milhões são mulheres e crianças (<15 anos), respetivamente (OMS, 2014). Além disso, o relatório (relatório da OMS de 2013) também mostrou que 2,1 milhões de pessoas foram recentemente infectadas pelo VIH, incluindo 1,9 milhões de adultos e 240 000 crianças (<15 anos). As vidas ceifadas pela SIDA também diminuíram de 2,2 milhões em 2005 para 1,8 milhões em 2010 e 1,5 milhões em 2013 (UNAIDS, 2013). Quanto ao número de pessoas que vivem com o VIH que recebem terapia antirretroviral no mundo, o relatório da OMS de 2014 estimou que 11,7 milhões de pessoas estão em tratamento em 2013.

A situação em África

Embora a África tenha apenas mais de 12% da população mundial, dois terços das pessoas que vivem com infecções por VIH no mundo são da África Subsariana (ONUSIDA, 2011). O relatório da ONUSIDA (2011) revelou que entre 21,6 e 24,1 milhões de adultos estão infectados pelo VIH na região, sendo a África do Sul o país com o número mais elevado. Quanto ao número de pessoas que vivem com a infeção pelo VIH, o relatório da OMS (2014) indica que 9,1 milhões de pessoas infectadas pelo VIH estão atualmente a receber tratamento em 2013, o que revelou que a região tem o maior número de pessoas que vivem com o VIH e que estão a receber HAART em todo o mundo.

A situação na Nigéria

Na Nigéria, as pessoas que vivem com o VIH eram cerca de 3,1 milhões em 2011 e cerca de 300 000 novas infecções ocorrem anualmente entre as pessoas com idades compreendidas entre os 15 e os 24 anos, que contribuem com até 60% da infeção (UNAIDS, 2011). A ONUSIDA (2011) também informou que a taxa de prevalência do VIH entre a população em geral era de 3,6% em 2011, tendo descido para 3,1% em 2012 com base no CIA 2012 Factbook. Estima-se igualmente que, na Nigéria, 1,5 milhões de pessoas que vivem com o VIH necessitam de ARV, de acordo com as novas diretrizes da OMS, e que apenas 30% das pessoas que vivem com o VIH e necessitam de ARV têm acesso aos mesmos (ONUSIDA, 2011). De acordo com o Factbook da CIA (2012), a Nigéria foi classificada como o segundo maior país, a seguir à África do Sul, com o maior número de pessoas que vivem com o VIH, sendo que o número de mulheres jovens com idades compreendidas entre os 15 e os 24 anos foi estimado em três vezes superior ao dos homens da mesma idade, o que constituiu 58% (cerca de 1,72 milhões) das mulheres infectadas e cinquenta e cinco por cento (55%) das mortes por SIDA na Nigéria ocorreram em mulheres (ONUSIDA, 2011). Acredita-se que muitos factores contribuem para a exposição das mulheres à infeção pelo VIH na Nigéria, incluindo diferenças anatómicas e fisiológicas específicas, uma vez que se acredita que a transmissão de homem para mulher é mais elevada do que a transmissão de mulher para homem (Nasidi e Takena, 2004). Na Nigéria, acredita-se que o VIH se propaga epidemiologicamente através de dois meios discretos principais:

i.   **Relações sexuais heterossexuais:** Por esta via, o vírus pode ser transmitido pelo revestimento da vagina, vulva, pénis, reto ou boca, através de relações sexuais vaginais, anais ou orais (Harry *et al.,* 1994). Esta via de transmissão é responsável por até 82% da infeção por VIH na Nigéria (UNAIDS, 2001). As relações homossexuais não contribuem significativamente para a infeção pelo VIH no país (Nasidi e Takena, 2004).

ii.   **Transmissão de mãe para filho:** As mães infectadas infectam os seus bebés no *útero*, durante o parto ou através da amamentação (Nasidi e Takena, 2004). A maioria (60% a 70%) das mulheres infectadas na Nigéria transmite o vírus no momento do parto (Mofenson, 2003). Mofenson (2003) também referiu que 20% a 30% da transmissão ocorre durante o aleitamento materno, enquanto menos de 10% da transmissão ocorre através do útero.

A situação do Estado de Sokoto

A taxa de prevalência do VIH no Estado de Sokoto era de 6,0% em 2008 (FMOH, 2008), mas no final de 2010 a taxa de prevalência desceu para 3,3%, o que era inferior à taxa de prevalência nacional de 4,6% no mesmo período (FMOH, 2010b). Pode, portanto, estimar-se que pelo menos 97% da população é seronegativa. Os números divulgados pela (SOSACA, 2014) mostram que 15 095 e 18 504 pessoas foram testadas para o VIH, das quais 1238 e 1204 foram positivas em 2013 e 2014, respetivamente. O número revelou ainda que 16 404 e 12 378 mulheres grávidas foram testadas para o VIH, das quais 258 e 274 foram consideradas positivas em 2013 e 2014, respetivamente (SOSACA, 2014). O SOSACA (2014) informou que 1134 e 814 pacientes estão a fazer terapia antirretroviral em 2013 e 2014, respetivamente. Relativamente ao total de novos pacientes inscritos, os números situam-se em 714 e 525 em 2013 e 2014, respetivamente (SOSACA, 2014).

Antioxidantes e saúde

Os antioxidantes são essenciais para proteger as máquinas celulares do organismo contra o stress oxidativo induzido pelos radicais livres (Young e Woodside, 2001). As actividades eficazes dos antioxidantes podem levar à redução dos radicais livres gerados no organismo e melhorar o estado antioxidante dos doentes (Sen e Chakraborty, 2011). Os antioxidantes podem ser definidos "como qualquer substância que, quando presente em baixas concentrações em comparação com a de um substrato oxidável, atrasa ou inibe significativamente a oxidação causada pelo substrato" (Halliwel e Gutteridge, 1995). Stocker e Keaney (2004) também definiram "antioxidantes como uma substância que é eficaz contra os danos oxidativos quando presente em quantidade muito menor do que a substância que protege". Sen e Chakraborty (2013) classificaram os antioxidantes em dois grandes grupos com base na sua natureza:

- **Antioxidantes enzimáticos:** Esta classe de antioxidantes é constituída principalmente por proteínas associadas às células, cuja função é preservar os componentes da membrana celular (Halliwel e Gutteridge, 1995) e que podem também estar envolvidas na manutenção dos antioxidantes extracelulares (Hunt e Stocker, 1990). Os antioxidantes enzimáticos incluem predominantemente a SOD, a catalase, a glutationa peroxidase e a redutase, etc

- **Antioxidantes não enzimáticos:** Este grupo classifica-se em dois:

- **Antioxidantes metabólicos**: Exemplo: glutatião reduzido (GSH), ácido lipídico e co-enzimas, etc.

- **Nutrientes antioxidantes:** Exemplo: vitaminas E, C, carotenóides e flavanóides, etc.

O glutatião é um importante antioxidante que desempenha um papel importante na eliminação das espécies oxidantes reactivas, quer direta quer enzimaticamente, através da glutatião peroxidase (Hayes e Strange, 1995). Também mantém o grupo sulfidrilo das proteínas e a desintoxicação de xenobióticos (Hayes e Strange, 1995). A catalase desempenha um papel no metabolismo do peróxido de hidrogénio em oxigénio molecular e água (Young e Woodside, 2001). Sabe-se que as vitaminas C e E eliminam diretamente o superóxido e os radicais hidroxilo, regulam as enzimas antioxidantes e quebram a reação em cadeia da peroxidação lipídica (Naik, 2010). A vitamina C tem a capacidade de neutralizar os oxidantes dos neutrófilos estimulados e de regenerar a vitamina E, enquanto a provitamina A (β-caroteno) se baseia na sua atividade de supressão do oxigénio singlete, que também se revelou útil no cancro e na infeção pelo VIH (Naik, 2010).

Com todo o papel desempenhado pelos antioxidantes no sistema biológico, há uma crença crescente de que o stress oxidativo causado por oxidantes e eventos oxidantes desempenha um papel em várias condições clínicas, uma das quais é a infeção pelo VIH (Droge, 2002). Com base nos resultados disponíveis de diferentes estudos, verificou-se que o VIH tem um efeito negativo em diferentes antioxidantes (Droge, 2002).

O stress oxidativo é definido como uma desproporção entre oxidantes e antioxidantes a favor dos oxidantes, o que conduz potencialmente a danos (Sies, 1991). Os oxidantes e os marcadores de eventos oxidantes são os radicais livres, que são definidos como qualquer espécie que contenha um ou mais electrões não emparelhados que existam independentemente (Halliwell e Gutteridge, 1990). Estes radicais livres podem potencialmente afetar moléculas como compostos de baixo peso molecular, como antioxidantes e cofactores de enzimas, lípidos, proteínas, ácidos nucleicos e açúcares, o que pode levar a alterações celulares e, subsequentemente, a condições patogénicas, como mostra a figura 1 abaixo (Stocker e Keaney, 2004). Os radicais livres têm a capacidade de reagir com as moléculas acima mencionadas de forma indiscriminada, o que pode provocar danos em quase todos os componentes celulares do sistema biológico (Young e Woodside, 2001). O segundo marcador de oxidantes são os oxidantes não radicais que têm como exemplo o peróxido de hidrogénio.

Pensa-se que o stress oxidativo provocado pelos radicais livres é o mecanismo fundamental subjacente a uma série de doenças cardiovasculares, neurológicas e outras (Sen e Chakraborty, 2011). Foi demonstrado que os seres humanos infectados com VIH estão sujeitos a stress oxidativo crónico (Waris e Ahsan, 2006).

As pessoas que vivem com VIH apresentam concentrações reduzidas de redutores antioxidantes naturais, tais como tióis totais solúveis em ácido, cisteína e glutatião no plasma, nos monócitos do sangue periférico e nos fluidos do revestimento epitelial dos pulmões (Buhl *et al.*, 1989). Além disso, são encontrados níveis elevados de hidroperóxidos e malondialdeído (MDA) no plasma de indivíduos infectados pelo VIH (Buhl *et al.*, 1989). Do mesmo modo, um estudo mostrou que, num sistema de cultura de células, a replicação do VIH é promovida por ROS e inibida por antioxidantes como o NAC (Waris e Ahsan, 2006).

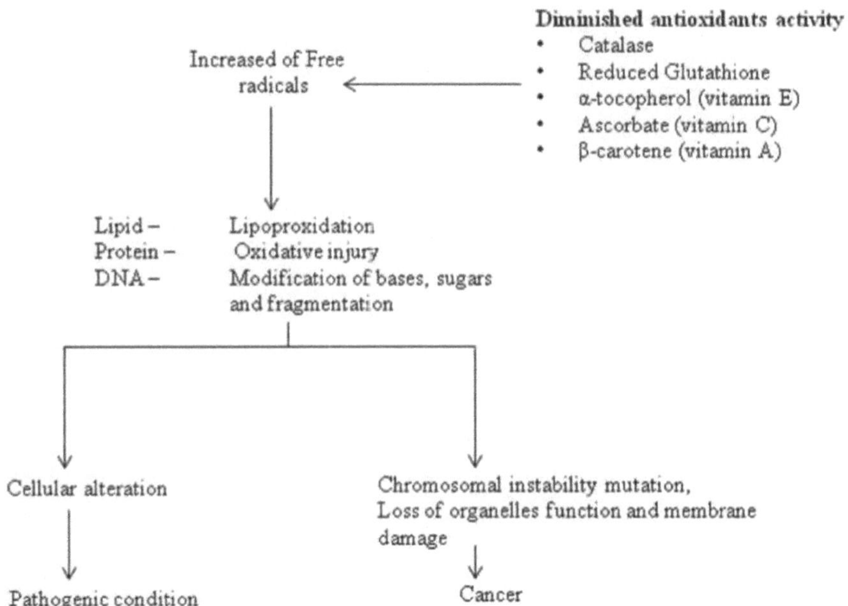

Figura 2: Consequências da diminuição dos antioxidantes

Adaptado de: Chihuailaf *et al.* (2002); Waris e Ahsan (2006)

Terapia antirretroviral altamente ativa (HAART)

Com a incidência do primeiro caso de infeção pelo VIH no início da década de 1980, a história dos ARV começa com o primeiro ensaio clínico da zidovudina em 1986 (CDC, 1986). Na década seguinte, foram introduzidos vários novos medicamentos e a terapêutica dupla ficou bem estabelecida (Hammer *et al.*, 1996). A era da HAART foi iniciada e comunicada durante a 11th conferência internacional sobre a SIDA, na Colômbia, em julho de 1996 (Hammer *et al.*, 1996). Em julho de 1996, o conceito de terapia combinada de três (3) fármacos foi introduzido na prática clínica e demonstrou um valor inspirador, com uma redução de 60% a 80% na taxa de mortalidade, o que ficou marcado como o início do conceito de Terapia Antirretroviral Altamente Ativa (HAART) (Palella *et al.*, 1998). Em 2009, estavam disponíveis vinte e cinco (25) ARV, pertencentes a seis classes diferentes que actuam em diferentes locais-alvo (Bethune, 2009).

A introdução de uma terapia combinada potente denominada Terapia Antirretroviral Altamente Ativa (HAART) em 1996 melhorou o tratamento da infeção pelo VIH (CDC, 2012). A HAART consiste em medicamentos recentemente introduzidos e aprovados que têm novos mecanismos de ação, melhorias na potência e na atividade, mesmo contra vírus multirresistentes, conveniência de dosagem e tolerabilidade (Cohen *et al.*, 2011). A HAART reduziu significativamente a morbilidade e a mortalidade associadas ao VIH e transformou a doença do VIH numa condição controlável (Cohen *et al.*, 2011). Além disso, o tratamento adequado e eficaz dos indivíduos seropositivos com TARV é altamente eficaz na prevenção da transmissão da infeção aos parceiros sexuais negativos (CDC, 2012). O Centro para as Doenças e o Controlo (2012) também referiu que, apesar da introdução da TARV no tratamento e na prevenção do VIH, outros factores, como as barreiras económicas e sociais entre os indivíduos seropositivos, conduzem à sua morbilidade, mortalidade e persistência de novas infecções pelo VIH.

Metabolismo dos medicamentos anti-retrovirais (ARV)

A maioria dos medicamentos anti-retrovirais sofre uma difusão passiva através do revestimento gastrointestinal, impulsionada por um gradiente de concentração (Kivisto *et al.*, 1996). Uma vez nas células epiteliais intestinais, os ARV podem ser transportados de volta para a superfície luminal pela glicoproteína P (proteína de transporte de resistência a múltiplos fármacos) e metabolizados pelo citocromo P450 intestinal, especificamente pelas isoenzimas CYP 3A (Gatmaitan e Arias, 1993; Kivisto *et al.*, 1996). Os mecanismos exactos pelos quais as enzimas CYP interagem com a glicoproteína-P para afetar negativamente a biodisponibilidade dos ARV não são atualmente claros (Kivisto *et al.*, 1996). Na circulação sistémica, os ARV são distribuídos pelos tecidos com base na sua afinidade relativa pelos componentes dos tecidos em relação aos componentes do plasma (Wacher *et al.*, 1995). Os fármacos na circulação sistémica são normalmente metabolizados ou excretados inalterados (Wacher *et al.*, 1995). Os ARVs são metabolizados por múltiplas isozimas CYP, geralmente a isozima predominante na sua biotransformação (Wacher *et al.*, 1995). Os fármacos lipofílicos, como os IP e os NNRTI, são metabolizados oxidativamente pelas enzimas CYP em formas mais polares para posterior excreção biliar ou renal (Fischl *et al.*, 1997). As CYP são um grupo de enzimas membranares que contêm heme e que estão envolvidas numa série de reacções de mono-oxigenase (Fischl *et al.*, 1997). Os inibidores da protease são grandes moléculas lipofílicas que parecem ter uma afinidade pelo CYP3A4, que medeia o seu metabolismo (Flexner, 1998). Os IP podem também inibir a atividade da CYP3A4, impedindo a biotransformação de outros medicamentos que utilizam esta isozima para o seu metabolismo (Flexner, 1998). Um dos IP, o ritonavir, é o inibidor mais potente da CYP3A4; o indinavir, o nelfinavir e o amprenavir são menos potentes numa ordem de grandeza e o saquinavir é o menos potente (Eagling *et al.*, 1997). Para além da inibição do CYP3A4, tanto o ritonavir como o nelfinavir induzem a atividade do CYP3A4 e de outras enzimas microssomais, resultando em interações medicamentosas bastante complexas (Eagling *et al.*, 1997). O ritonavir é parcialmente metabolizado pela CYP2D6, tendo sido demonstrado que também inibe esta isoenzima (Kumar *et al.*, 1996). O metabolismo parcial do nelfinavir pela isoenzima CYP2C19 resulta na formação do seu metabolito ativo, referido como M8 ou AG-1402 (Fiske *et al.*, 1998). A delavirdina, um NNRTI, é metabolizada principalmente pelo CYP3A4 e é também um inibidor desta isoenzima (Fiske *et al.*, 1998). Tanto a nevirapina como o efavirenz são indutores da atividade do CYP3A4, mas a maior parte do seu metabolismo parece ser mediada por outra isoenzima do CYP, o CYP2B6 (Fiske *et al.*, 1997). Os NRTI são solúveis em água e, com exceção da zidovudina, são eliminados principalmente por excreção renal (Fiske *et al.*, 1997). A zidovudina é conjugada por glucuronidação e o conjugado é eliminado por via renal (Kumar *et al.*, 1996).

Diretrizes HAART recomendadas

Os dois (2) marcadores de substituição para a progressão e monitorização da infeção pelo VIH e o início do tratamento antirretroviral são a carga viral (ARN do VIH) e a contagem de linfócitos T CD4 (CD4) (CDC, 2012). O nível de carga viral e a sua magnitude diminuem após o início da TARV, o que fornece informações prognósticas sobre a probabilidade de progressão da doença (Murray *et al.*, 1999). O principal objetivo da TAR é atingir e manter uma supressão viral duradoura (CDC, 2012). Por conseguinte, o papel mais importante da carga viral é monitorizar a eficácia e a eficiência do tratamento após o início da TAR, enquanto a contagem de CD4 é predominantemente importante antes do início da TAR (Egger *et al.*, 2002). A contagem de células CD4 fornece informações gerais sobre o sistema imunitário de um indivíduo infetado pelo VIH e a sua medição é fundamental para estabelecer limiares para o início e a interrupção da profilaxia das infecções oportunistas (IO) e para avaliar a urgência de iniciar a TAR (Egger *et al.*, 2002). A contagem de CD4 é o parâmetro laboratorial mais importante que indica a funcionalidade do sistema imunitário em doentes infectados pelo VIH e é também o mais forte indicador da progressão subsequente da doença e da sobrevivência, de acordo com os resultados de ensaios clínicos e estudos de coorte (Mellors *et al.*, 1997).

O início ou a alteração da combinação de ARV é orientado pela monitorização dos parâmetros laboratoriais, como a carga viral plasmática (ARN do VIH) e as células T CD4, para além das condições clínicas do doente (Dybul *et al.*, 2002). Verificou-se que cada país concebeu e recomendou as suas diretrizes para o tratamento de doentes seropositivos. Com base nisso, o Ministério Federal da Saúde da Nigéria (FMOH) em 2010b recomendou os seguintes critérios antes do início da terapia antirretroviral.

* Iniciar a TARV em todos os doentes infectados com VIH que tenham uma contagem de células CD4 $\leq$350 células/mm³ , incluindo mulheres grávidas.

* Todos os doentes com estádio clínico 3 ou 4, independentemente da contagem de CD4 .

* Para todas as mulheres grávidas seropositivas com uma contagem de CD4 > 350, deve ser

fornecida profilaxia ARV para prevenir a transmissão do VIH da mãe para o filho.

Em 2010, o comité nigeriano para a revisão das diretrizes nacionais para o tratamento e cuidados contra o VIH e a SIDA em adolescentes e adultos recomendou a seguinte combinação como primeira linha para adultos que não receberam TARV e que cumprem os critérios acima referidos para o início da terapêutica:

1.   Zidovudina + Lamivudina + Efavirenz

2.   Zidovudina + Lamivudina + Nevirapina

3.   Tenofovir + Lamivudina (ou Emtricitabina) + Efavirenz

4.   Tenofovir + Lamivudina (ou Emtricitabina) + Nevirapina

Para o regime ART de segunda linha, estão aprovadas as seguintes combinações:

1.   Recomenda-se um inibidor da protease potenciado (IBP) e dois NRTI.

2.   Recomenda-se a simplificação das segundas opções de NRTI.

3.   Se a estavudina ou a zidovudina tiverem sido utilizadas na terapêutica de primeira linha, utilizar Tenofovir + (Lamivudina ou Emtricitabina) como NRTI de base na terapêutica de segunda linha.

4.   Se o Tenofovir tiver sido utilizado na terapêutica de primeira linha, utilizar Zidovudina+Lamivudina como espinha dorsal dos NRTI na terapêutica de segunda linha.

Interação medicamentosa

O tratamento do VIH é uma terapia medicamentosa para toda a vida. Para além dos ARV, os doentes tomam também outros agentes ou medicamentos para aliviar os efeitos adversos dos ARV, para prevenir infecções oportunistas ou para tratar outras doenças crónicas (Cocohoba, 2008). Assim, as pessoas que vivem com o VIH correm o risco de sofrer efeitos adversos e interações medicamentosas.

Alguns medicamentos tomados pelos doentes tendem a interferir com a absorção dos anti-retrovirais, conduzindo a níveis subterapêuticos; outros podem produzir interações farmacodinâmicas, que resultam em toxicidades aditivas ou efeitos contrários (Wienker e Health, 2005). Muitas interações clinicamente significativas ocorrem durante o metabolismo dos ARV pelo citocromo P450, que é responsável pelo metabolismo oxidativo de muitos medicamentos, incluindo os NNRTI e os IP (Wienker e Health, 2005; Pol e Mitra, 2006). Estudos demonstraram que os NNRTI e os IP podem inibir o citocromo P450 (especialmente o CYP3A4), o que pode afetar o nível plasmático de medicamentos que são metabolizados principalmente pelo CYP3A4 (Pol e Mitra, 2006). Além disso, os medicamentos anti-retrovirais são substratos da glicoproteína p e podem interagir com agentes que também são substratos desta potente bomba de efluxo de medicamentos (Starch *et al.,* 2007; Weiss *et al.*, 2008).

Os inibidores nucleósidos da transcriptase reversa (NRTI) são a espinha dorsal do regime antirretroviral e não são metabolizados pelas enzimas do citocromo P450, pelo que têm relativamente poucas interações medicamentosas em comparação com outras classes de ARV (Lee *et al.*, 2006). O tenofovir ou a didanosina e todos os membros dos NRTIs reduzem o nível plasmático de alguns IPs como o atazanavir. A didanosina também deve ser tomada com o estômago vazio (30 minutos antes de comer ou 2 horas depois de comer), porque o fármaco interfere com os alimentos (Barreiro e Soriano, 2006). A biodisponibilidade oral de certos medicamentos anti-retrovirais é afetada se forem administrados com alimentos (Marfatia e Makrandi, 2005). A didanosina também interage com o tipranavir (redução do nível do fármaco) e com a ribavirina (fármaco para a hepatite C), uma vez que esta inibe a fosforilação da didanosina para a sua fração ativa (Barreiro e Soriano, 2006). O metabolismo oxidativo da nevirapina ocorre no fígado pelas isoformas CYP3A4 e CYP2B6 do citocromo P450 (Stephen *et al.*, 2001). Stephen *et al.* (2001) relataram que a rifampicina induz a síntese de CYP3A4 e, portanto, diminui os níveis de nevirapina em 20-58%. Assim, a utilização desta combinação não é recomendada; no entanto, se for utilizada, a coadministração deve ser efectuada com um controlo cuidadoso.

A classe dos NNRTI tem um efeito diferente nas enzimas do citocromo P450 (Lee *et al.*, 2006). Lee *et al.* (2006) referiram que a delavirdina é um potente inibidor do CYP3A4, enquanto a nevirapina é um potente indutor do CYP3A4. O efavirenz e a etravirina apresentam um efeito misto para o CYP3A4, sendo indutores e inibidores (Cocohoba, 2008). Alguns NNRTI, como o Efavirenz e a nevirapina, tendem a baixar os níveis dos IP (Cocohoba, 2008). Os NNRTI podem também interagir com classes não anti-retrovirais, incluindo antifúngicos, anti-micobacterianos, contraceptivos orais, antiepilépticos, estatinas, metanona como agente da disfunção erétil e imunossupressores (Lee *et al.*, 2006). Um medicamento antibacteriano comum utilizado pelos doentes seropositivos no tratamento do complexo *mycobacterium avium*, denominado "Refabutin", pode interagir com o Efavirenz (Weiss *et al.*, 2008). Os agentes antilepticos, como o fenobarbital, a fenitoína e a carbamazepina, não devem ser utilizados com alguns agentes NNRTI, como a delavirdina (Pol e Mitra, 2006). A eficácia das estatinas, dos antiepilépticos de metadona e dos imunossupressores pode ser diminuída pelos NNRTI (Pol e Mitra, 2006).

Todos os inibidores da protease (IP) são substratos do citocromo P450, pelo que inibem o CYP3A4 num grau variável, interagindo também com antifúngicos, antimicobacterianos, contraceptivos, agentes hipolipemiantes, antiepilépticos, agentes para a disfunção erétil e medicamentos para a supressão da acidez (Cocohoba, 2008). Inibidores da protease - por exemplo, o ritonavir é o inibidor mais potente do CYP3A4, pelo que pode inibir o metabolismo de outros medicamentos, incluindo os

IP (Kiser *et al.*, 2008). A terapêutica supressora de ácidos pode ser problemática para os doentes VIH positivos que tomam IP (Kiser *et al.*, 2008).

Mecanismo de ação dos medicamentos anti-retrovirais

O modo de ação dos medicamentos anti-retrovirais ocorre em cinco locais principais do ciclo de vida do VIH, com cada classe a atuar num local diferente.

Na entrada do vírus, a proteína da espícula do VIH (gp120) liga-se primeiro ao recetor primário CD4 e depois ao co-recetor (CCR5 ou CXCR4) na superfície da célula-alvo ($CD4^+$

Linfócitos T auxiliares ou macrófagos). Esta ligação desencadeia a fusão do envelope do vírus com a membrana celular e envolve a proteína de fusão viral (gp 41) (Chen *et al.*, 2009). Os inibidores da fusão ou do CCRr, uma das classes de medicamentos anti-retrovirais, têm como alvo este processo (Pierson *et al.*, 2004). De acordo com Pierson *et al.* (2004), os inibidores da fusão ou o antagonista do CCR5 interferem com o recetor, inibindo assim a ligação da gp120 do vírus ao recetor. A enfuvirtida é um dos exemplos de inibidores da fusão que se ligam à proteína de fusão (gp41), provocando uma anomalia na função da proteína de fusão viral (gp41), impedindo assim a criação de um poro de entrada e a subsequente entrada do capsídeo viral (Markovic e Clouse, 2004). Os inibidores do CCR5 bloqueiam os receptores de superfície celular e interrompem o processo de entrada do vírus (Maeda *et al.*, 2004).

A etapa seguinte do ciclo de vida do vírus é a fusão do invólucro do vírus com a membrana celular da célula hospedeira, introduzindo assim o núcleo do vírus, composto por proteínas gp24, no citoplasma da célula hospedeira (Schols, 2004). O núcleo intacto associa-se a filamentos de actina e microtúbulos no citoplasma da célula e migra para o núcleo da célula, onde entra em contacto com um poro nuclear (Schols, 2004). A transcrição reversa do ARN viral tem lugar no interior do núcleo durante este período (Deeks, 2001).

O núcleo é permeável aos trifosfatos de nucleótidos provenientes do citoplasma, necessários para a síntese de ADN (Deeks, 2001). A molécula de ADN proviral completa tem uma estrutura única de três cadeias, conhecida como "aba de ADN", que é essencial para desencadear o desacoplamento do núcleo e permite a importação nuclear do ADN através do poro nuclear (Schols, 2004). A ação dos NRTIs e NNRTIs ocorre nesta fase. A atividade da transcriptase reversa é bloqueada por duas classes de medicamentos ARV: os inibidores nucleósidos da transcriptase reversa (NRTI) e os inibidores não nucleósidos da transcriptase reversa (NNRTI) (Deeks, 2001). Os inibidores nucleósidos da transcriptase reversa (NRTI) são moléculas que imitam os blocos de construção naturais do ADN que são naturalmente utilizados pela enzima transcriptase reversa para sintetizar o ADN viral (Deeks, 2001). Todos os fármacos da classe dos NRTI são terminadores de cadeia e, uma vez incorporados na cadeia de ADN, a adição do nucleótido seguinte não pode prosseguir, resultando na interrupção da síntese do ADN viral (Schols, 2004). Exemplos de fármacos desta classe são a zidovudina (AZT) e a estavudina (d4T), que são análogos da timina; a lamivudina (3TC), a emtricitabina (FTC) e a zalcitabina (ddC) são análogos da citosina; a didanosina (ddI) e o tenofovir (TDF) são análogos da adenina e o abacavir (ABC) é um análogo da guanina (Barreiro e Soriano, 2006). Os inibidores não nucleósidos da transcriptase reversa (NNRTI) são uma classe de pequenas moléculas que se ligam diretamente à enzima transcriptase reversa e provocam algumas alterações estruturais que perturbam a formação do sítio ativo e conduzem a uma diminuição da atividade de polimerização (Lee *et al.*, 2006). A delavirdina (DLV), o efavirenz (EFV), a nevirapina (NVP) e a etravirina têm este mecanismo de ação.

Após a conclusão da transcrição reversa do ARN viral, o núcleo desmonta-se (desacoplamento), permitindo que o ADN proviral seja transportado através do poro nuclear (Schols, 2004). A inserção do ADN viral no ADN cromossómico do hospedeiro é mediada pela integrase codificada pelo vírus (Schols, 2004). A forma integrada do ADN viral é conhecida como provírus. Os inibidores da integrase têm como objetivo o processo de integração (Hazuda *et al.*, 2004). Os medicamentos anti-retrovirais que têm como alvo a integrase viral são eficazes na prevenção da inserção do ADN proviral no ADN cromossómico do hospedeiro (Hazuda *et al.*, 2004). O raltegravir actua desta forma (Damond *et al.*, 2008).

O ARN mensageiro viral (ARNm) é transcrito a partir do ADN proviral por enzimas celulares do hospedeiro e constitui o primeiro passo para a síntese de novos viriões do VIH (Naik, 2010).

As proteínas virais são traduzidas a partir de transcrições de ARN mensageiro e cortadas em proteínas virais maduras pela enzima aspartil protease do VIH (Naik, 2010). A classe de medicamentos anti-retrovirais inibidores da protease interfere com o processamento das proteínas virais (Cocohoba, 2008). Os inibidores da protease inibem competitivamente as enzimas protease do VIH devido à sua estrutura aspártilo análoga, ligando-se assim ao local ativo da enzima e bloqueando a clivagem pós-tradução das poliproteínas, o que resulta na ausência de formação de viriões funcionais (Cocohoba, 2008). Exemplos de fármacos desta classe são: tipranavir, indinavir, saquinavir, ritonavir, atazanavir, darunavir e nelfinavir (Kiser *et al.*, 2008).

Após a tradução, as partículas virais são montadas na membrana celular através do recrutamento das proteínas virais recentemente sintetizadas. O ARN genómico viral é também transcrito para ser incorporado no núcleo do vírus (Ganser-Pornillos *et al.*, 2008).

Duas cópias do ARN genómico viral são embaladas no capsídeo juntamente com enzimas virais e proteínas reguladoras (Chan e Kim, 1998).

A última fase do ciclo de vida do VIH envolve a montagem de partículas de vírus e a sua libertação da superfície celular por brotamento (Ganser-Pornillos *et al.*, 2008). O vírus recém-montado repetirá todo o ciclo, resultando na destruição total das células T auxiliares (Naik, 2010).

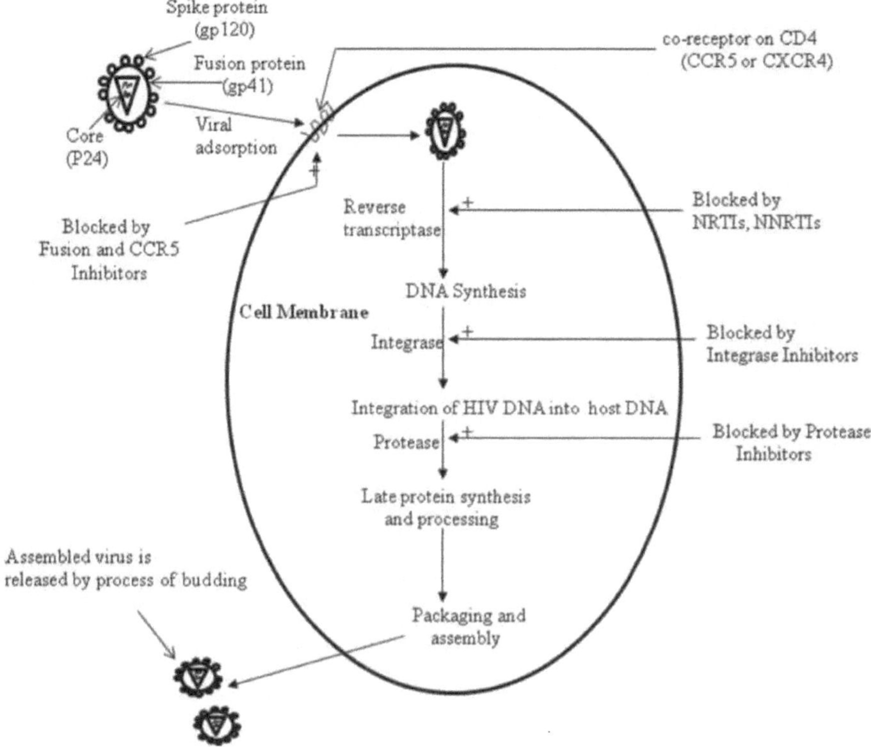

Figura 3: Ciclo de vida do VIH e ponto de ataque dos ARV

Adaptado de Katzung (2007) com modificações.

Efeito dos ARVs nos perfis lipídicos

O efeito do regime antirretroviral no nível de lípidos observado em indivíduos seropositivos em tratamento varia consoante o tipo e a classe de HAART (Fontas *et al.*, 2004). O efeito delineado de cada classe de medicamento antirretroviral no perfil lipídico é o seguinte

Efeitos dos NRTIs nos perfis lipídicos

O efeito desta classe de HAART (NRTI) nos perfis lipídicos dos indivíduos seropositivos é, na sua maioria, ligeiro e com um elevado grau de heterogeneidade no que respeita à resposta lipídica (Crane *et al.*, 2011). Entre a família dos NRTIs, fármacos como a timidina, a zidovudina (AZT ou ZDV) e a estavudina (D4T) têm um efeito pior sobre o nível lipídico do que outros fármacos da mesma classe. Num estudo de comparação do efeito da estavudina e do tenofovir (TDF) realizado por Gallant *et al.* (2004), que administrou os dois fármacos em combinação com lamivudina (3TC) e efavirenz (EFV), no final de nove semanas observou que **a** estavudina está associada a um aumento significativo do nível de colesterol total e de triglicéridos em comparação com o tenofovir. Do mesmo modo, Podzamczer *et al.* (2007) realizaram outro estudo com abacavir e estavudina, juntamente com lamivudina e efavirenz em doentes sem VIH e, no final de 96 semanas, o investigador observou que a proporção de doentes com hipertrigliceridemia era significativamente mais elevada com estavudina (D4T), e que os rácios HDL e CT/HDL estavam aumentados nos doentes com abacavir (ABC). Além disso, Gallant *et al.* (2006) efectuaram outro estudo para provar o pior efeito do tenofavir e da zidovudina ao combinarem os medicamentos com lamivudina e efavirenz (EFV). O resultado do estudo no final de 96 semanas mostrou um aumento significativo do colesterol total e das lipoproteínas de baixa densidade nos doentes com zidovudina em comparação com o tenofovir. Por conseguinte, os investigadores concluíram que, tendo em conta os potenciais efeitos adversos metabólicos dos ARV da classe dos nucleósidos da transcriptase reversa, o abacavir e o tenofovir são a melhor opção em comparação com outros medicamentos da classe dos NRTI (Estrada e Portilla, 2011). O tenofovir pode reduzir os níveis lipídicos através de um mecanismo independente da supressão viral, como foi recentemente descoberto num estudo cruzado controlado por placebo (Tungsiripat *et al.*, 2010).

Efeitos dos NNRTIs nos perfis lipídicos

Entre todas as classes de medicamentos anti-retrovirais, os NNRTI apresentaram o melhor resultado do perfil lipídico, o que se deve ao facto de a classe (NNRTI) estar associada a um aumento do nível de HDL e a uma diminuição significativa da relação CT/HDL (Estrada e Portilla, 2011). O tratamento de doentes com VIH com NNRTI está associado a um menor risco de enfarte do miocárdio, de acordo com um estudo realizado por Worm *et al.* (2010). O aumento da produção de apolipoproteína-A1 induzido pela nevirapina (NVP) pode ser responsável pela elevação do nível de HDL em indivíduos VIH positivos (Franssen *et al.*, 2009). Franssen *et al.* (2009) também referiram que um regime que contenha efavirenz (EFV) é a opção recomendada para o início da TAR e é geralmente considerado como o NNRTI preferido, devido à possibilidade de o fármaco aumentar os níveis de lípidos plasmáticos em comparação com o regime triplo de NRTI.

A nevaripina tem um efeito benéfico no perfil lipídico tanto em doentes sem tratamento como em doentes com experiência, isto porque os doentes VIH positivos tratados com nevaripina apresentaram um melhor perfil lipídico com um aumento significativo do nível de HDL, uma diminuição significativa dos triglicéridos e dos rácios TC/HDL (Millinkovic e Martinez, 2004).

Efeitos dos IPs nos perfis lipídicos

Entre os IP, o indinavir (IDV) e o ritonavir (ATV) são os medicamentos mais utilizados. Entre os dois (2) fármacos, o ritonavir (ATV) é o preferido para o tratamento de doentes seropositivos há vários anos; no entanto, na prática clínica, observou-se uma elevação dos triglicéridos e do colesterol total em comparação com o nelfinavir (Croxtall e Perry, 2010). Convencionalmente, o ritonavir tem sido considerado o fármaco com o melhor perfil lipídico desta classe de IP, o que se deve a uma diminuição significativa do colesterol total, dos triglicéridos e do colesterol não HDL em comparação com o lopinavir (Vonhenting, 2008). Uma série de estudos realizados por diferentes investigadores mostrou que o darunavir/ritonavir, que é o membro mais recente da família dos inibidores da protease, tem um melhor perfil lipídico do que outros membros da classe dos inibidores da protease (Mills *et al.*, 2009; Estrada e Portilla, 2011).

Efeitos adversos/reacções dos ARV

Os efeitos adversos são também designados por toxicidade dos medicamentos, que são definidos como quaisquer efeitos de um medicamento que não são pretendidos (Carr e Cooper, 2000). A toxicidade dos medicamentos está relacionada com a incapacidade do sistema humano para tolerar os efeitos secundários dos medicamentos, o que pode levar à disfunção de órgãos importantes do corpo em resultado da utilização de medicamentos, que pode ser detectada clinicamente através da história e do exame clínico e/ou através de testes laboratoriais (Montessori *et al.*, 2004). As reacções/efeitos adversos dos medicamentos foram classificados por Montessori *et al.* (2004) em quatro graus:

i. **Grau um (1):** Trata-se de efeitos secundários ligeiros e transitórios.

ii. **Grau dois (2):** São efeitos secundários moderados ou persistentes.

iii. **Grau três (3):** Acontecimentos adversos que são graves e

iv. **Grau quatro (4):** Os efeitos secundários são perigosos para a vida.

No entanto, a manifestação dos efeitos secundários pode diferir drasticamente de pessoa para pessoa, o que se deve ao facto de alguns terem reacções adversas frequentes e graves, enquanto outros têm efeitos secundários desconfortáveis ou irritantes que podem interferir com a sua qualidade de vida diária (Hogg *et al.*, 1999). Hogg *et al.* (1999) também referiram que os indivíduos seropositivos com doença VIH avançada tendem a ter efeitos adversos graves dos medicamentos (Hogg *et al.*, 1999).

A terapia antirretroviral altamente ativa (HAART) era conhecida por possuir uma vasta gama de efeitos adversos, desde os ligeiros aos graves (Carr e Cooper, 2000). Os efeitos adversos ligeiros que ocorrem no início da maioria dos regimes anti-retrovirais incluem efeitos gastrointestinais, como inchaço, náuseas e diarreia, que podem ser transitórios ou persistir ao longo da terapêutica (Carr e Cooper, 2000). Alguns dos efeitos adversos metabólicos mais graves dos medicamentos anti-retrovirais são os seguintes:

Dislipidemia

Pensa-se que os principais processos intracelulares que regulam o metabolismo da glicose e dos lípidos nos principais tecidos sensíveis à insulina são alterados pelos medicamentos anti-retrovirais, como os inibidores da protease (IP) (Hruz *et al.*, 2001). A redução do catabolismo dos lípidos das lipoproteínas de muito baixa densidade (VLDL) pode ser responsável pelas alterações do perfil lipídico causadas pelos ARV (Shahmanesh *et al.*, 2005). A dislipidemia dos indivíduos seropositivos pode resultar da redução da hidrólise das lipoproteínas ricas em triglicéridos (Sekhar *et al.*, 2005), da diminuição do catabolismo dos ácidos gordos livres (Reeds *et al.*, 2006) e da redução da captura de ácidos gordos livres (Vanwilk *et al.*, 2005). Os inibidores da protease podem também aumentar a síntese hepática de triglicéridos através do aumento da expressão de enzimas-chave (lipase lipoproteica) na biossíntese de triglicéridos, que podem subsequentemente hidrolisar os ácidos gordos livres dos triglicéridos, promovendo assim a sua acumulação nos adipócitos (Lenhard *et al.*, 2000). Para iniciar a sua atividade, a enzima lipoproteína lipase liga-se normalmente à proteína tipo 1 relacionada com o recetor de LDL (LRP1) no endotélio capilar (Zimmermann *et al.*, 2001).

No entanto, o metabolismo da dislipidemia induzida pelos IPs pode resultar da indução de stress do retículo endoplasmático e da subsequente ativação da resposta às proteínas desdobradas pelos IPs (Gregor e Hotamisligil, 2007). O mecanismo do stress endoplasmático induzido pelos IPs pode dever-se à inibição do proteassoma e ao bloqueio diferencial do transporte de glucose pelos IPs (Parker *et al.*, 2005).

Estudos in vitro realizados em hepatócitos em cultura mostraram que a terapêutica com IPs reduz a degradação da apolipoproteína B intracelular pelos proteasomas, o que pode aumentar a secreção de lipoproteínas contendo apolipoproteína B (Liang *et al.*, 2001). Foi descrito que a expressão dos receptores de LDL está reduzida em doentes com lipodistrofia, aumentando assim os níveis de LDL (Petil *et al.*, 2002). As proteínas de ligação aos elementos reguladores dos esteróis (SREBP-1 e -2) são genes mestres dos adipócitos e factores de transcrição que detectam as concentrações de colesterol no fígado (Riddle *et al.*, 2001). Foi descrita uma degradação reduzida de SREBP e, por conseguinte, uma acumulação nuclear em animais tratados com IPs, o que pode induzir um aumento do colesterol e dos triglicéridos através da indução de genes lipogénicos como a sintase dos ácidos gordos (Riddle *et al.*, 2001).

Foi descrito o papel potencial do recetor X da farnesóide na dislipidemia relacionada com os IPs (Makishima *et al.*, 1999). O recetor X farnesóide actua como um sensor de ácidos biliares e regula a síntese e excreção de ácidos biliares, sendo também um membro da super família de receptores nucleares do fator regulador ativado por ligandos e regula a expressão de genes envolvidos na síntese de ácidos gordos (Makishima *et al.*, 1999).

Outro fator importante no desenvolvimento de hiperlipidemia em doentes com VIH sob TARV é o contexto genético (Rotger *et al.*, 2010). O estudo de associação do genoma mostrou a importância de vários polimorfismos de nucleótido único no desenvolvimento de hiperlipidemia em doentes com VIH sob TARV (Rotger *et al.*, 2010). Além disso, o ADN mitocondrial (ADNmt) pode também influenciar as alterações metabólicas associadas aos medicamentos anti-retrovirais (Hulgan *et al.*, 2011).

Acidose láctica, esteatose hepática e hiperlactatemia

Os inibidores nucleósidos da transcriptase reversa (NRTI) impedem o alongamento do ADN e a reprodução viral e são incorporados na cadeia de ADN viral pela enzima de transcrição reversa viral, que interrompe a transcrição (Lewis e Dalakis, 1995). Estes medicamentos podem funcionar como substratos para outras enzimas capazes de catalisar a síntese de ADN, incluindo a ADN polimerase humana, a única enzima envolvida na replicação do ADN mitocondrial (Lewis e Dalakis, 1995). Estudos demonstraram que os NRTI alteram a função mitocondrial através da inibição da DNA polimerase, o que subsequentemente leva a outros eventos adversos que vão desde a acidose láctica à esteatose hepática (Brinkman *et al.*, 1998). A acidose láctica tem sido associada à terapêutica com ARV, como a zidovudina, a didanosina e a estavudina (Chariot *et al.*, 1999). Um estudo realizado por Lonergan *et al.* (2000) e Tesiorowski *et al.* (2002) revelou que 10% a 20% dos doentes seropositivos em tratamento de longa duração com regimes contendo NRTIs apresentavam uma evidência de elevação persistente, ligeira a moderada, do ácido lático venoso (hiperlactatemia). Os doentes com hiperlactatemia podem apresentar uma diminuição do limiar anaeróbio, que é um substituto da disfunção mitocondrial subjacente (Lonergan *et al.*, 2000).

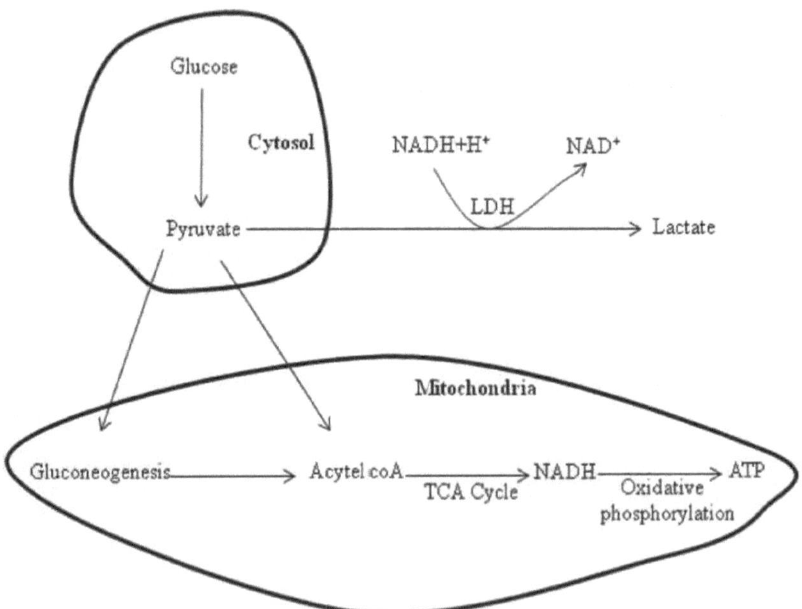

Figura 4: Mecanismo postulado através do qual os NRTI interferem com a glicólise, conduzindo à acidose láctica. Os NRTIs diminuem a função das mitocôndrias, resultando na acumulação de piruvato e NADH, aumentando assim a conversão de piruvato em lactato, o que acaba por conduzir à acidose láctica.

Adaptado de Montessori *et al.* (2004) com modificações O mecanismo da acidose láctica associada aos NRTI é o seguinte: na via glicolítica normal, a glicose é convertida em piruvato (no citosol), que é transferido para a mitocôndria, onde é convertido em acetil CoA, que entra depois no ciclo do ácido tricarboxílico (ciclo TCA) para formar NADH, que é utilizado para produzir ATP através da fosforilação oxidativa (Medina *et al.*, 1994). Foi demonstrado que a enzima mitocondrial ADN polimerase é inibida pelos NRTI, o que diminui a função das mitocôndrias, especialmente ao nível da fosforilação oxidativa na cadeia de transporte de electrões, o que permite a acumulação de piruvato e NADH, aumentando assim a conversão de piruvato em lactato, como se mostra na Figura 4 (Medina *et al.*, 1994). Uma oxidação deficiente pode também levar a uma diminuição da oxidação dos ácidos gordos, que se acumulam e são metabolizados em triglicéridos (Matthews e Reardon, 1994). Matthews e Reardon (1994) também referiram que o excesso de triglicéridos pode acumular-se no fígado, causando a esteatose hepática caraterística.

Lipodistrofia

A lipodistrofia faz parte do efeito adverso dos medicamentos anti-retrovirais, que é uma síndrome que inclui resistência à insulina e perda óssea acelerada (Carr *et al.,* 1998a). As principais caraterísticas clínicas são a perda de gordura periférica (lipoatrofia) na face, nos membros e nas nádegas, acompanhada de acumulação central de gordura no abdómen e nas mamas e sobre a coluna dorsocervical (corcunda de búfalo) e de lipomas (Lucas *et al.,* 1999). A terapêutica com inibidores da protease tem sido a mais fortemente associada à síndrome de lipodistrofia, embora os NRTI, especialmente a estavudina, também tenham sido associados à lipodistrofia (Mills *et al.,* 2009). Os factores de risco podem incluir uma duração mais longa da terapêutica com inibidores da protease, a idade e a progressão ou gravidade da doença VIH (Schwenk *et al.,* 2000). A patogénese da lipodistrofia não é claramente compreendida, embora a possível causa possa ser multifatorial, com anomalias endócrinas e metabólicas combinadas que têm um efeito profundo na distribuição da gordura corporal (Lee *et al.,* 1999).

O aumento do risco de intolerância à glucose está associado à gordura visceral e abdominal (Carr *et al.,* 1998a). A incapacidade de gerir a lipodistrofia e os riscos que lhe estão associados ameaça a eficácia da terapêutica antirretroviral, desencorajando os doentes de continuar o tratamento (Lee *et al.,* 1999).

Doença coronária/doença cardiovascular

A terapêutica antirretroviral está associada a um aumento significativo do risco coronário (Currier *et al.,* 2003). Vários estudos demonstraram que a supressão do VIH com a terapia antirretroviral melhora efetivamente alguns dos marcadores substitutos da doença cardiovascular, tais como

i.   Marcadores da função endotelial, como a vasodilatação mediada pelo fluxo, que melhoram significativamente no prazo de 4 semanas após o início da terapia antirretroviral, independentemente da classe do medicamento antirretroviral (Torriani *et al.,* 2008).

ii.   Após a supressão viral, observou-se que os níveis dos marcadores de ativação endotelial VCAM-1 e P-selectina diminuem significativamente, assim como os níveis do marcador de ativação dos adipócitos leptina e do marcador de coagulação D-dímero (Calmy *et al.,* 2009 e Vonderen *et al.,* 2009).

iii.   Também se observou um aumento dos níveis de marcadores anti-inflamatórios, como a adiponectina e a interleucina 10 (Calmy *et al.,* 2009 e Vonderen *et al.,* 2009).

Os efeitos adversos dos medicamentos anti-retrovirais devido aos seus efeitos metabólicos são a principal causa do elevado risco de enfarte do miocárdio entre os doentes seropositivos (Iloeje *et al.,* 2005). Outras anomalias, como o metabolismo dos lípidos e dos hidratos de carbono e o aumento da adiposidade central, que são factores de risco de doenças cardiovasculares em indivíduos seropositivos, foram associadas à terapêutica anti-retrovírica, tal como referido por Friis-Moller *et al.*

(2007). De um modo geral, as provas sugerem que a utilização de inibidores da protease pode levar a uma diminuição da lipólise periférica, a um aumento da produção hepática de lipoproteínas triglicéridas e a uma diminuição da depuração das lipoproteínas remanescentes (Hui, 2003 e Umpleby *et al.*, 2005). Os inibidores não-nucleosídeos da transcriptase reversa têm um efeito mais modesto do que os IP nos níveis de colesterol total e de colesterol LDL, sendo menos provável que estejam associados a níveis mais baixos de colesterol HDL (Fontas *et al.*, 2004).

Existem provas substanciais de que a TARV induz um estado hipofibrinolítico nos indivíduos infectados pelo VIH, o que se reflecte no aumento dos níveis plasmáticos do inibidor do ativador do plasminogénio, do ativador do plasminogénio tecidular e da homocisteína, que são reputados marcadores de risco aterotrombótico e continuam a ser factores estabelecidos de risco cardiovascular (Koppel *et al.*, 2002).

Nos doentes seropositivos, as doenças cardiovasculares (DCV) são uma das principais causas de morbilidade e mortalidade, causando pelo menos 10% das mortes (Smith, 2010). Vários estudos concluíram que, ao longo do tempo, as pessoas infectadas pelo VIH correm um maior risco de sofrer eventos de DCV do que os indivíduos não infectados com a mesma idade (Mocroft *et al.*, 2010). As pessoas que vivem com a infeção pelo VIH apresentam taxas mais elevadas de factores de risco de DCV estabelecidos, em especial o tabagismo e a dislipidemia, do que os indivíduos não infectados pelo VIH (Mocroft *et al.*, 2010).

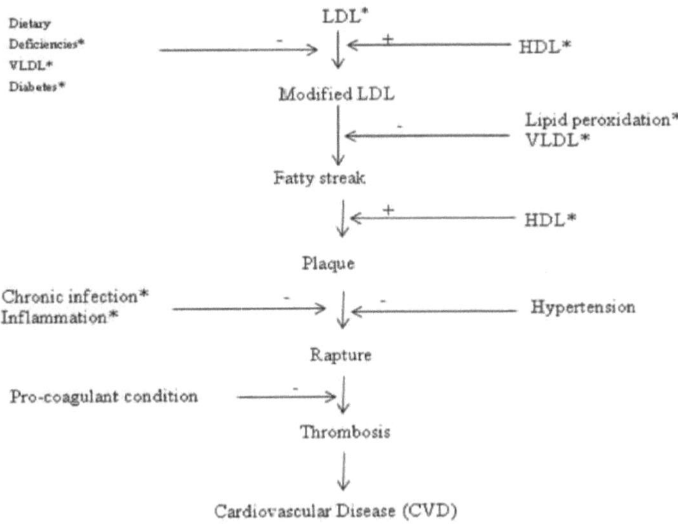

Figura 5: Desenvolvimento de doenças cardiovasculares pelo VIH e HAART

Adaptado de Judith e Aberg (2003)

Foi também estabelecido que o risco de DCV era mais elevado com a introdução de alguns medicamentos ARV, em particular alguns IP, como o lopinavir potenciado com ritonavir e o fosamprenavir potenciado com ritonavir, e o abacavir do que com outros medicamentos ARV de outras classes (Friis-Moller *et al.*, 2007).

Outros estudos realizados mostraram que a terapêutica antirretroviral está associada a uma melhoria notável dos parâmetros associados à DCV, que incluem marcadores de inflamação (como a interleucina 6 [IL-6]), disfunção imunitária (por exemplo, ativação das células T, senescência das células T), ativação dos monócitos (por exemplo, IL-6, CD14 solúvel e CD163), hipercoagulação (por exemplo, dímeros D) e, sobretudo, disfunção endotelial (Torriani *et al.*, 2008).

Resistência à insulina e diabetes mellitus

As anomalias da homeostase da glicose, principalmente a resistência à insulina, são comuns em doentes seropositivos sob terapêutica antirretroviral, particularmente e com maior magnitude de anomalias observadas em doentes sob IP (Donna, 2005). A resistência à insulina é uma condição em que um indivíduo necessita de uma concentração de insulina superior à normal para obter uma resposta metabólica normal ou uma condição em que o sistema não consegue produzir uma concentração normal para uma resposta metabólica normal (Kahn, 1978 e Campbell *et al.*, 1988). A diabetes mellitus é caracterizada por hiperglicemia devido a defeitos na secreção de insulina, na ação da insulina ou em ambas. A resistência à insulina está frequentemente associada a um conjunto de anomalias metabólicas designadas por síndrome metabólica, que inclui hipertensão, hipertrigliceridemia, hipercolesterolemia, baixas concentrações séricas de lipoproteínas de alta densidade (HDL) e adiposidade troncular (Kahn *et al.*, 2005). Brown *et al.* (2005) referiram que a prevalência da diabetes mellitus entre as pessoas que vivem com a infeção pelo VIH nos EUA é de 14%, o que é quatro vezes superior à incidência da diabetes mellitus entre os indivíduos seronegativos. Outro estudo realizado na Índia por Beregszaszi *et al.* (2005) observou uma taxa de prevalência de diabetes mellitus de 13,2% entre as crianças infectadas pelo VIH em comparação com as não infectadas.

A diabetes mellitus é relativamente rara, com cerca de 2 a 5%, ao passo que a resistência à insulina é mais frequente e encontra-se em cerca de 50% dos doentes seropositivos tratados com inibidores da protease (IP), em comparação com cerca de 25% dos doentes em terapêutica com nucleósidos (Brown *et al.*, 2005).

No entanto, alguns dos processos patogénicos, como as influências genéticas, o aumento das concentrações de ácidos gordos livres, a acumulação de gordura visceral, o aumento da gordura muscular e dos órgãos, as alterações hormonais, a inflamação crónica e as doenças co-mórbidas são os mesmos que nos indivíduos seronegativos, mas outros factores patogénicos que podem ser diferentes são a própria infeção pelo VIH, o seu tratamento e a restauração imunitária (Hommes *et al.*, 1991).

No entanto, vários estudos em todo o mundo demonstraram que os inibidores da protease induzem a resistência à insulina do que outras classes de medicamentos anti-retrovirais, tal como foi referido num dos estudos em que vinte (20) doentes seropositivos foram tratados com inibidores da protease durante um período de cerca de 4 meses e depois avaliados utilizando a avaliação do modelo de homeostase (HOMA- IR), que revelou que os níveis de insulina e de glicose em jejum e a resistência à insulina aumentaram significativamente para 96%, 11% e 149%, respetivamente (Muthumani *et al.*, 2003). Além disso, o resultado do estudo também não mostrou alterações significativas nesses parâmetros em doentes seropositivos com regimes à base de nucleósidos, embora se tenham observado aumentos semelhantes nas contagens de células CD4, mas uma menor supressão virológica entre os dois grupos (Muthumani *et al.*, 2003).

É provável que vários mecanismos contribuam para a resistência à insulina no doente seropositivo que está a receber TAR (Shikuma *et al.*, 2005). É provável que estes mecanismos envolvam os efeitos diretos dos medicamentos anti-retrovirais, as consequências indirectas da redistribuição da gordura, as alterações inflamatórias crónicas induzidas pelo VIH e a esteatose hepática (Shikuma *et al.*, 2005). Os inibidores da protease podem induzir diretamente o desenvolvimento de resistência à insulina quando administrados como tratamento de curta duração ou como dose única em doentes VIH positivos (Noor *et al.*, 2002). É provável que esta resposta direta cause uma diminuição da captação celular de glicose devido à inibição do transportador de glicose Glut4 e da fosforilação da glicose (Behrens *et al.*, 2002). A redução da sensibilidade à insulina pode também resultar da lipodistrofia mediada pelos níveis sanguíneos elevados de ácidos gordos livres (AGL) induzidos tanto pela acumulação de gordura como pela depleção de componentes da lipodistrofia (Behrens *et al.*, 2002). A elevação dos AGL pode interferir com o transporte celular de glicose através de uma redução da fosforilação do substrato-1 do recetor de insulina associado à fosfatidilinositol 3-quinase, o que resulta numa diminuição da sinalização intracelular e da resistência à insulina, especialmente no tecido muscular e hepático (Anai *et al.*, 1999; Dresner *et al.*, 1999 e Shao *et al.*, 2002). Curiosamente, verificou-se que o aumento da lipólise e os níveis sanguíneos elevados de AGL estão independentemente associados tanto à acumulação de uma forma de gordura metabolicamente mais ativa como à depleção da gordura subcutânea periférica (Mynarcik *et al.*, 2000 e Hadigan *et al.*, 2001).

Toxicidade mitocondrial

Sabe-se que os inibidores nucleósidos da transcriptase reversa (NRTI) têm um efeito inibidor sobre a polimerase gama do ADN mitocondrial (mtDNA), a principal enzima responsável pela replicação do mtDNA (Brinkman *et al.*, 1999). Dado que o ADNmt codifica muitas das enzimas de fosforilação oxidativa, a inibição conduzirá a uma diminuição do conteúdo de ADNmt, o que poderá prejudicar a respiração aeróbica e outras funções mitocondriais (Brinkman *et al.*, 1999). No entanto, provas mais recentes sugerem que a toxicidade mitocondrial dos NRTI pode envolver não só a depleção do mtDNA mas também efeitos negativos nas proteínas e na atividade enzimática do sistema de fosforilação oxidativa, mesmo antes dessa depleção (Walker *et al.*, 2002). Observou-se uma diminuição da transcrição do ARN mitocondrial, sem depleção significativa do ADNmt, em doentes seronegativos para o VIH tratados com ITRN duplos (zidovudina/lamivudina e estavudina/lamivudina) durante duas semanas após o início da terapêutica com ITRN, o que sugere que os ITRN causam disfunção mitocondrial por outros meios que não a inibição da ADN polimerase gama (Mallon *et al.*, 2005). Após a remoção dos NRTI, foi observada uma melhoria no nível de atividade enzimática mitocondrial do mtDNA e do complexo I, bem como na taxa de apoptose dos adipócitos (Mallon *et al.*, 2005). Os inibidores da protease podem agravar o problema ao inibir a diferenciação e a maturação dos adipócitos (Lenhard *et al.*, 2000 e Caron *et al.*, 2001). A base molecular completa desta inibição ainda não foi elucidada, mas pode envolver a inibição de proteases celulares específicas envolvidas na maturação das proteínas laminares nucleares e do fator adipogénico proteína-1 de ligação ao elemento regulador do esterol (SREBP-1), tal como referido por Bastard *et al.* (2002).

Síndrome de Reconstituição Imunitária (IRS)

Foi demonstrado que alguns dos doentes seropositivos em terapia antirretroviral apresentavam uma deterioração paradoxal do seu estado clínico, apesar do controlo satisfatório da replicação viral e da melhoria das contagens de CD4 (Samuel *et al.*, 2003). A deterioração clínica, também conhecida como síndrome de restauração imunitária ou síndrome inflamatória de reconstituição imunitária (IRIS), resulta de uma resposta inflamatória exuberante a agentes patogénicos oportunistas previamente diagnosticados ou em incubação, bem como de uma resposta a outros antigénios ainda não definidos (Samuel *et al.*, 2003). A síndrome de reconstituição imunitária inclui uma exacerbação paradoxal da infeção pulmonar e do SNC por Mycobacterium tuberculosis, retinite por citomegalovírus, toxoplasmose, meningite por Cryptococcus neoformans, hepatite crónica ativa, doença de Reiter, herpes zoster e psoríase (Andrew e David, 2004). Foi relatado que a doença que ocorreu após o início da TARV representou provavelmente uma linfadenite MAC de reconstituição imunitária, uma entidade que ocorre em doentes que iniciam a TARV quando têm imunossupressão avançada, presumivelmente no contexto de uma infeção MAC oculta pré-existente (Jenny, 2003). O tratamento desta doença inclui a continuação da terapêutica primária, a continuação de uma TARV eficaz e a utilização judiciosa de agentes anti-inflamatórios (Marfatia e Makrandi, 2005).

Panorama da literatura

Desde a descoberta da infeção pelo VIH e dos ARV na década de 1980 e 1986, respetivamente, os seus efeitos nos perfis glicémico e lipídico, nos antioxidantes e em alguns índices imunológicos têm sido amplamente estudados em muitas partes do mundo (Constans *et al.*, 1994 e Oduola *et al.*, 2009), mas não foi documentado qualquer relatório sobre este estado.

Estudos realizados noutras partes do mundo (Hadigan *et al.*, 2001; Norris e Dreher, 2004; Fichtenbaum *et al.*, 2005; Grinspoon e Carr, 2005; Gkarnia e Klotsas, 2007 e Dagogo, 2008) referiram que tanto a infeção pelo VIH como os ARV contribuem para as anomalias da glicose nas pessoas que vivem com o VIH. Outros estudos efectuados nos Estados Unidos da América por Schambelan *et al.*, (2002); El-Sadr *et al.* (2005) e Chantry *et al.* (2008) concordaram com as conclusões dos estudos anteriores. No entanto, na África do Sul, foi comunicada uma diminuição do nível de glucose sérica no grupo infetado pelo VIH em comparação com os indivíduos negativos (Hattingh *et al.*, 2009).

Estudos realizados na Nigéria por Oduola *et al.* (2009) e Chukwuanukwu *et al.* (2013) no Estado de Osun (Sudoeste) e no Sudeste avaliaram o nível de glucose de doentes seropositivos e chegaram à conclusão de que a TAR induz resistência à insulina.

Muitos estudos (Constans *et al.*, 1994; Stamfer *et al.*, 1996; Rogowska-Szadkowska e Borzuchowska, 1999; Triant *et al.*, 2007; Ducobu e Payen, 2010) que avaliaram os perfis lipídicos em doentes seropositivos em diferentes partes do mundo, chegaram à conclusão de que o VIH e os ARV afectam o nível dos perfis lipídicos, em especial a diminuição do colesterol total e do colesterol HDL, com aumento dos triglicéridos e do colesterol LDL. Outros estudos realizados na Tailândia, no Gana, na Malásia e na Índia por Hiransuthikul *et al.* (2007); Obirikorang *et al.* (2010); Kumar e Sathian (2011) e Padmapriyadarsini *et al.* (2011), respetivamente, indicaram que os parâmetros do perfil lipídico estavam alterados em doentes infectados pelo VIH.

Na Nigéria, Adewole *et al.* (2010); Iffen *et al.* (2010); Francis e Onyinye (2011) realizaram estudos em Abuja, na metrópole de Calabar e no Estado do Delta, respetivamente, sobre o efeito do VIH e da HAART nos perfis lipídicos de doentes seropositivos e comunicaram uma alteração em diferentes parâmetros.

No entanto, os estudos de Herzenberg *et al.* (1997); Droge e Breitkreutz (1999); Breitkreutz *et al.* (2000); Droge (2002); Stephensen *et al.* (2007); Mgbekem *et al.* (2011); Azu (2012) e Ibeh *et al.* (2013) referiram que tanto a infeção pelo VIH como a HAART estão associadas ao stress oxidativo causado pela deficiência de antioxidantes.

Os estudos nigerianos de Johane *et al.* (1998); Bilbis *et al.* (2010) e Moses *et al.* (2012) registaram uma diminuição significativa (P<0,05) do nível de vitaminas antioxidantes em doentes seropositivos com e sem terapia antirretroviral.

Ao nível das células T CD4 e da contagem de leucócitos, vários estudos (Cheesbrough, 2000; Ahdieh *et al.*, 2003; Sabin, 2009; Nikolas *et al.*, 2014 e Obeagu *et al.*, 2014) mostraram uma diminuição significativa (P<0,05) dos níveis dos dois parâmetros nos doentes seropositivos (HAART naïve), mas no início da terapêutica os seus níveis aumentaram.

Um estudo realizado no estado de Sokoto por Abubakar *et al.* (2014) mostrou que a contagem de células T CD4 nos pacientes seropositivos (HAART naïve) é significativamente mais baixa (P<0,05) em comparação com o grupo de controlo, mas no início da HAART o nível aumentou significativamente (P<0,05) em comparação com os pacientes HAART naïve.

No Estado de Sokoto, a equipa de investigação sobre o VIH/SIDA e outras doenças, liderada pelo Professor M.G. Abubakar, realizou muitos estudos, nomeadamente sobre a toxicidade dos medicamentos anti-retrovirais para os doentes. Em 2008, a equipa realizou estudos sobre o efeito da infeção pelo VIH e dos ARV na função hepática, tendo os trabalhos sido publicados (Abubakar *et al.*, 2014 e Abubakar *et al.*, 2015). Em 2011, foi realizado outro estudo com o objetivo de determinar o padrão de alterações relacionadas com o fígado em diferentes períodos de terapia antirretroviral e de avaliar também a prevalência e o efeito da co-infeção hepatite B/HIV em doentes com VIH/SIDA no estado (Yahaya, 2011). Além disso, foi realizado e publicado outro estudo intitulado "Estudos de toxicidade aguda e crónica de regimes anti-retrovirais em ratos albinos" (Oviosun *et al.*, 2014).

Apesar do estudo realizado por Bilbis *et al.* (2010) sobre vitaminas antioxidantes e elementos minerais de indivíduos seropositivos em Sokoto, na Nigéria, parece-nos importante alargar o estudo, incluindo os perfis glicémico e lipídico e alguns índices imunológicos. É igualmente importante determinar o padrão de anomalias em diferentes regimes da HAART e estudar também as correlações entre os parâmetros.

Justificação do estudo

No Estado de Sokoto, os medicamentos anti-retrovirais têm sido utilizados para o tratamento da infeção pelo VIH desde 1996 (Machael, 2013). Embora os perfis glicémico e lipídico, os índices de antioxidantes e alguns parâmetros imunológicos em doentes com VIH sob TARV tenham sido amplamente estudados em muitos locais do mundo (Oduola *et al.*, 2009), nenhum foi documentado no Estado de Sokoto. O resultado desta descoberta ajudará os médicos a garantir que as pessoas que vivem com VIH no estado recebam melhores terapias (regime).

Finalidade e objectivos do estudo

O objetivo deste estudo foi investigar os efeitos da infeção pelo VIH e dos medicamentos anti-retrovirais nos perfis glicémico e lipídico, nos antioxidantes e em alguns índices imunológicos em doentes seropositivos do estado.

Os objectivos do estudo foram:

1.   Avaliar os efeitos adversos impostos pelos medicamentos anti-retrovirais (ARV) sobre os perfis glicémico e lipídico, os antioxidantes e alguns índices imunológicos.

2.   Determinar o padrão de anomalias impostas aos perfis glicémico e lipídico e aos índices de antioxidantes em diferentes períodos da terapia antirretroviral.

3.   Investigar se existe alguma correlação entre a glicemia sérica, o perfil lipídico, os antioxidantes e alguns índices imunológicos.

4.   Oferecer recomendações.

MATERIAIS E MÉTODOS

Materiais e instrumentos

Os materiais utilizados no estudo são os seguintes:

Equipamento	Número do modelo	Nome do fabricante
Maxmat	Maxmat PL II, SN 1417	Montpellier, França
Espectrofotómetro	721A	Jeiferson Ltd, Estados Unidos
Centrifugadora	800D	Shanghai Med. Instr. Ltd, China
Frigorífico	C1202	Thermocool Ltd
Sistema de contagem BD FACS (Contador Cytoflow)	33842	Partec Munster, Alemanha
Câmara de contagem de Neubauer (Hemocitómetro)	20746	Paul Marienfeld GmbH & Co Lauda-konigshofen, Alemanha

Reagentes/químicos

Os kits de reagentes e os produtos químicos utilizados eram de qualidade analítica. Para a determinação quantitativa dos perfis glicémico e lipídico, os kits colorimétricos enzimáticos foram adquiridos à Randox Laboratories Limited, Reino Unido.

Conceção experimental

Localização da investigação

A investigação foi efectuada no Estado de Sokoto, na Nigéria. A amostra foi recolhida nas clínicas de VIH do Hospital Universitário Usmanu Danfodiyo e do Hospital Especializado, em Sokoto. Estima-se que 70 a 80% dos doentes seropositivos do Estado recebem tratamento nas duas clínicas de VIH, pelo que os dois centros são os principais centros de TAR e registam cerca de três quartos dos doentes do Estado. O Estado de Sokoto, com uma população de 3 696 999 pessoas (dados da população nacional de 2006), tem uma área terrestre de 28 232,37 quilómetros quadrados, situada entre as longitudes 11° 30' e 13° 50' Este e a latitude 4° e 6° Norte. É delimitado a norte pela República do Níger, a leste pelo Estado de Zamfara e a sul e oeste pelo Estado de Kebbi.

Tamanho da amostra

A dimensão da amostra foi calculada utilizando a seguinte fórmula, de acordo com o método especificado pela OMS (2003):

$$N = \frac{Z^2\,(Pq)}{d^2}$$

Onde:

N = Tamanho da amostra.

Z = Valor crítico (1,96) da distribuição normal padrão ao nível de 5%.

P = Taxa de prevalência

q = 1 - P, e

d = nível de precisão

Por conseguinte:

$$N = \frac{(1.96)^2\,(0.033 \times 0.967)}{(0.05)^2}$$

$$N = \frac{(3.8416)\,(0.031911)}{(0.0025)}$$

$$N = 49.036$$

A taxa de prevalência de 3,3% para a infeção pelo VIH no Estado de Sokoto e a precisão de 5% foram utilizadas para calcular a dimensão da amostra de 49,036.

Consequentemente, um total de duzentas (200) amostras, compreendendo cinquenta (50) voluntários aparentemente saudáveis e negativos para o VIH (controlo), cinquenta (50) de doentes seropositivos que não receberam HAART (pré-HAART), cinquenta (50) amostras de doentes seropositivos que receberam HAART durante 1 a 6 meses e cinquenta (50) amostras de doentes seropositivos que receberam HAART durante 7 a 12 meses.

Técnica de amostragem

Foi utilizada uma técnica de amostragem aleatória simples para selecionar os participantes no estudo. Uma lista com todos os doentes seropositivos foi fornecida pelas duas clínicas de VIH e utilizada para obter os participantes por seleção aleatória. A seleção aleatória foi utilizada para garantir que cada indivíduo tem uma possibilidade independente e igual de ser selecionado. O método é também muito justo e imparcial.

Recolha de amostras e tratamentos de amostras

Aquando da inscrição, foram colhidos 5 ml de amostra de sangue utilizando uma agulha de amostra múltipla com um frasco de amostra de vacutainers estéril, que foi centrifugado durante cinco minutos a 3000xg. O soro foi recolhido e transferido para um recipiente de soro através de uma pipeta de transferência descartável para o ensaio dos parâmetros bioquímicos. Os doentes inscritos foram informados utilizando um formulário de consentimento informado normalizado e uma entrevista/questionário escrito aos indivíduos que deram o seu consentimento para participar no estudo. A aprovação do Comité de Ética e Investigação dos dois hospitais foi obtida antes do início da investigação.

METODOLOGIA

Perfis lipídicos

Estimativa do colesterol total

O colesterol total foi estimado utilizando o método de Allian *et al.* (1974). O éster de colestrol no soro é hidrolisado pela colesterol éster hidrolase. O colesterol total é então oxidado pela colesterol oxidase para a cetona correspondente. O H2O2 formado é decomposto pela peroxidase na presença de 4-aminoantipirina e fenol para produzir um corante de quinoneimina. A absorvância do corante medida espectrofotometricamente (500nm) é proporcional à concentração de colesterol.

$$\text{Cholesterol ester} + H_2O \xrightarrow{\text{Cholesterol esterase}} \text{Cholesterol} + \text{Fatty acids}$$

$$\text{Cholesterol} + O_2 \xrightarrow{\text{Cholesterol oxidase}} \text{Cholestene-3-one} + H_2O_2$$

$$2H_2O_2 + \text{4-aminophenazone} + \text{phenol} \xrightarrow{\text{Peroxidase}} \text{Quinoneimine} + 4H_2O$$

Estimativa do colesterol HDL

O colesterol das lipoproteínas de alta densidade foi medido de acordo com o método enzimático de Burstein *et al.* (1970). O soro foi colocado num tubo de centrifugação contendo 0,1 ml de reagente de fosfotungstato. Este foi misturado corretamente e foram adicionados 50µl de cloreto de magnésio 2M, misturados e centrifugados a 1500g durante 30min. O sobrenadante foi recolhido e utilizado para a análise do colesterol HDL utilizando uma produção de colesterol total (indicada acima). O cálculo do colesterol HDL foi efectuado da seguinte forma

$$\text{Serum HDL-C (mg/dl)} = \frac{\text{Absorbance of Test}}{\text{Absorbance of Standard}} \times \text{Concentration of Standard}$$

Estimativa de triglicéridos

O triacilglicerol foi estimado de acordo com o método de Trinder *et al.* (1969) após hidrólise enzimática com lipases. O indicador é a quinoneimina formada a partir de H2O2, 4-aminofenazona e 4-corofenol sob a influência catalítica da peroxidase (POD).

$$\text{Triacylglycerol} + H_2O \xrightarrow{\text{Lipase}} \text{Glycerol} + \text{Fatty acids}$$

$$\text{Glycerol} + \text{ATP} \xrightarrow{\text{Glycerol kinase}} \text{Glycerol-3-phosphate} + \text{ADP}$$

$$\text{Glycerol-3-phosphate} + O_2 \xrightarrow{\text{GOP}} \text{Dihydroxyacetone phosphate} + H_2O_2$$

$$2H_2O_2 + \text{4-aminophenazone} + \text{4-chlorophenol} \xrightarrow{\text{POD}} \text{Quinoneimine} + HCl + 4H_2O$$

Estimativa do colesterol LDL

O colesterol da lipoproteína de baixa densidade foi calculado de acordo com a fórmula de Friedewald *et al.* (1972)

LDL-C (mg/dl) = CT - (HDL-C + TAG/5)

Estimativa do colesterol VLDL

Este valor foi calculado utilizando a fórmula de Friedewald *et al.* (1972).

VLDL - C (mg/dl) = TAG/5

Índice aterogénico

Este valor foi calculado utilizando uma fórmula de Abbot *et al.* (1988) e Murray *et al.* (1997) como o rácio entre o LDL-colesterol e o HDL-colesterol.

PERFIL GLICÉMICO

Medição da glicose

Foi utilizado o método de Barham e Trinder (1972). A glicose oxidase catalisa a oxidação da glicose em peróxido de hidrogénio (H2O2) e ácido glucónico. Na presença de peróxido. O H2O2 é decomposto e o oxigénio libertado reage com a 4-aminofenazona (4-aminoantipirina) e o fenol para produzir um complexo quinoneimina de cor rosa que é medido espectrofotometricamente a 500 nm.

A equação é:

$$\text{Glucose} + O_2 + H_2O \xrightarrow{\text{Glucose oxidase}} \text{Gluconic acid} + H_2O_2$$

$$2H_2O_2 + \text{4-aminophenazone} + \text{phenol} \xrightarrow{\text{Peroxidase}} \text{quinoneimine} + 4H_2O$$

ÍNDICES DE ANTIOXIDANTES

Catalase

A atividade da catalase foi medida de acordo com o método de Beers e Sizer (1952). O desaparecimento do peróxido foi seguido espectrofotometricamente a 240nm. Uma unidade decompõe um mol de H2O2 por minuto a 25º C e pH 7,0 nas condições especificadas.

A equação é:

$$2H_2O_2 \xrightarrow{\text{Catalase}} 2H_2O + O_2$$

Glutatião reduzido

Foi utilizado o método de Patterson e Lazarow (1955). O glutatião reage com um excesso de aloxano para produzir uma substância com um pico de absorvância de 305 nm.

Malondialdeído

O malondialdeído foi estimado utilizando um método de Shah e Walker (1989). O malondialdeído no soro foi separado e determinado como conjugado com TBA. As proteínas do soro foram precipitadas com TCA e depois removidas por centrifugação. O complexo MDA-TBA foi medido a 534 nm.

Estimativa da vitamina A

A vitamina A é destruída quando exposta à luz ultravioleta e é extraída por partição de solvente utilizando uma mistura de etanol e n-hexano. A absorvância da amostra extraída é lida a 328 nm. Em seguida, a amostra é irradiada com luz ultravioleta e a absorvância é lida novamente a 328 nm. As diferenças de absorvância antes e depois da irradiação correspondem à quantidade de retinol presente.

Estimativa da vitamina C

Foi utilizado o método de Baker e Frank (1968). O ácido ascórbico é oxidado pelo ião cobre II para formar ácido desidroascórbico, que reage com ácidos 2, 4-dinitrofenil-hidrazina para formar uma bis-hidrazona vermelha que é medida espectrofotometricamente a 520 nm.

Estimativa da vitamina E

Foi utilizado o método de Baker e Frank (1986). A vitamina E sérica reduz os iões férricos a ferrosos, que formam então um complexo de cor vermelha com α a¹ - dipiridil, que é medido a 520 nm.

PARÂMETROS IMUNOLÓGICOS

CD4⁺ Contagem de células T

Para a análise quantitativa das células T CD4, foi utilizado o método de Cassens *et al.* (2004). Na análise citométrica de fluxo, o anticorpo monoclonal fluorescente (CD4 m Ab PE) liga-se ao antigénio CD4 nas células mononucleares (linfócitos T e monócitos) e numa suspensão tampão; o complexo é passado através das cuvetes de fluxo numa única corrente de fluxo. O complexo é excitado pelo laser de estado sólido com um comprimento de onda de 532 nm, o que faz com que o complexo emita uma fluorescência de cor caraterística ou um espetro de comprimento de onda de emissão que é disperso pelas células e captado por um tubo fotomultiplicador e transmitido para leitura digital como contagens.

Contagem de glóbulos brancos

A contagem de glóbulos brancos foi medida utilizando um método de Cheesbrough (2010). O sangue total diluído 1:20 num reagente ácido provoca a hemólise dos glóbulos vermelhos (não do núcleo dos glóbulos vermelhos nucleados), deixando os glóbulos brancos para serem contados. Os leucócitos são contados microscopicamente utilizando uma câmara de contagem de Neubauer melhorada (hemocitómetro) e o número de leucócitos por litro de sangue é calculado.

ANÁLISE DE CORRELAÇÃO

Para atingir o objetivo 3, a análise de correlação foi feita utilizando o Graph pad Instat versão 3.02 (Graph pad Corp., San Diego, EUA). O coeficiente de correlação linear (pearson r) foi obtido utilizando o teste de distribuição gaussiana com um intervalo de confiança de 95%.

ANÁLISE ESTATÍSTICA

A análise estatística foi efectuada utilizando o Graph pad Instat versão 3.02 (Graph pad Corp., San Diego, EUA). Os dados são apresentados como média ± SEM. As comparações estatísticas entre tratamentos foram efectuadas utilizando a análise de variância (ANOVA) com o teste post hoc de Bonferroni, quando apropriado. Um valor de P <0,05 foi considerado estatisticamente significativo.

RESULTADOS E DISCUSSÃO

Resultados

Fases demográficas e clínicas dos inquiridos

As fases demográficas e clínicas dos inquiridos são apresentadas na tabela 1.

Em todas as categorias de doentes seropositivos incluídos no estudo, as mulheres constituíam a maioria, com 76%, 64% e 72% no grupo sem tratamento, no grupo em tratamento há 1-6 meses e no grupo em tratamento há 7-12 meses, respetivamente. Os homens constituíam 24%, 36% e 28% dos grupos acima mencionados, respetivamente (Tabela 1).

A maioria dos doentes seropositivos incluídos no estudo tinha idades compreendidas entre os 15 e os 29 anos, exceto os que estavam em tratamento durante 7 a 12 meses, em que abundavam os doentes com idades compreendidas entre os 30 e os 44 anos. Quarenta e oito por cento (48%) e 56% dos que não estavam a tomar HAART e dos que estavam em tratamento durante 1 a 6 meses, respetivamente, tinham idades compreendidas entre os 15 e os 29 anos, ao passo que 60% dos doentes que estavam a tomar HAART durante 7 a 12 meses tinham idades compreendidas entre os 30 e os 44 anos. Além disso, 40% e 30% dos dois grupos seropositivos (não tratados e em tratamento durante 1 a 6 meses) inscritos tinham idades compreendidas entre os 30 e os 44 anos, enquanto 30% dos doentes em tratamento durante 7 a 12 meses tinham idades compreendidas entre os 15 e os 29 anos (Quadro 1).

As pessoas casadas constituíam a maioria, sendo 62%, 50% e 46% dos ingénuos em tratamento, em tratamento durante 1-6 meses e em tratamento durante 7-12 meses, respetivamente (Quadro 1). No entanto, 28%, 18% e 32% dos ingénuos em tratamento, em tratamento há 1-6 meses e em tratamento há 7-12 meses, respetivamente, eram solteiros.

A maioria dos doentes seropositivos era analfabeta, constituindo 36%, 34% e 40% dos doentes sem tratamento, em tratamento há 1-6 meses e dos doentes em tratamento há 7-12 meses (Quadro 1).

Quanto à análise da situação profissional dos pacientes, o resultado indica que 28%, 22% e 32% do grupo de ingénuos em tratamento são desempregados, funcionários públicos e comerciantes ou pequenos empresários, respetivamente, enquanto que para os que estão em tratamento há 1-6 meses a maioria (32%) são comerciantes ou pequenos empresários, seguidos de funcionários públicos, outros e desempregados, com 26%, 22% e 20%, respetivamente. Do mesmo modo, para as pessoas em tratamento durante 7-12 meses, os desempregados constituíam a maioria com 34% e os comerciantes ou pequenos empresários 28% (Quadro 1).

No grupo dos seropositivos que não receberam tratamento, 28%, 38%, 18% e 16% encontram-se nas fases clínicas I, II, III e IV, respetivamente. Para os que estão a receber tratamento durante 1-6 meses,

32%, 46%, 18% e 4% encontram-se nas fases clínicas I, II, III e IV, respetivamente, enquanto a maioria (54%) dos que estão a receber tratamento durante 7-12 meses se encontra na fase clínica I, como mostra a figura 1 abaixo.

Tabela 1: Fases demográficas e clínicas dos inquiridos em Sokoto.

Caraterísticas	Controlo	Não iniciados no tratamento	1-6 meses	7-12 meses
Género				
Masculino	28 (56)	12 (24)	18 (36)	14 (28)
Feminino	22 (44)	38 (76)	32 (64)	36 (72)
Idade (anos)				
15-29	14 (28)	24 (48)	28 (56)	15 (30)
30-44	29 (58)	20 (40)	15 (30)	30 (60)
45-59	7 (14)	6 (12)	7 (14)	5 (10)
Estado civil				
Individual	21 (42)	14 (28)	9 (18)	16 (32)
Casado	26 (52)	31 (62)	25 (50)	23 (46)
Divorciado	2 (4)	3 (6)	10 (20)	8 (16)
Viúva	1 (2)	2 (4)	6 (12)	3 (6)
Educação				
Analfabeto	2 (4)	18 (36)	17 (34)	20 (40)
Elementar	6 (12)	10 (20)	8 (16)	5 (10)
Escola secundária	16 (32)	9 (18)	11 (22)	13 (26)
Ensino superior	26 (52)	13 (26)	14 (28)	12 (24)
Ocupação				
Desempregado	2 (4)	14 (28)	10 (20)	17 (34)
Funcionários públicos	37 (74)	11 (22)	13 (26)	9 (18)
Negociação/SCB	10 (20)	16 (32)	16 (32)	14 (28)

Outros	1 (2)	9 (18)	11 (22)	10 (20)
Fase clínica·				
Fase I		14 (28)	16 (32)	27 (54)
Fase II		19 (38)	23 (46)	23 (46)
Fase III		9 (18)	9 (18)	0
Fase IV		8 (16)	2 (4)	0

Legenda: N (Percentagem)

N: Tamanho da amostra (50/grupo).

· Os estádios clínicos da infeção pelo VIH basearam-se na contagem de células CD_4 : Estádio I (>500), Estádio II (500-201), Estádio III (200-50) e Estádio IV (<50).

Perfis glicémicos e lipídicos

Os perfis glicémico e lipídico dos inquiridos são apresentados na Tabela 2, Figura 6 e 7.

O colesterol total e os TAG em jejum dos três grupos (VIH positivo, HAART naive e tratado durante 1-6 meses, 7-12 meses de tratamento) não diferiram significativamente (P>0,05) em comparação com o controlo. Os níveis séricos de HDL-C dos três grupos VIH positivos foram significativamente mais baixos (P<0,05) do que os do grupo de controlo (Figura 6). O nível de HDL-Choleterol aumenta com o aumento da contagem de células CD4, embora não exista uma correlação significativa positiva ou negativa entre os dois parâmetros em todos os grupos.

Os níveis de LDL-C dos três grupos seropositivos são mais elevados do que os do grupo de controlo, embora não sejam estatisticamente significativos (P<0,05), exceto nos indivíduos em tratamento durante 1 a 6 meses (Tabela 2). Os níveis de VLDL-C dos três grupos seropositivos não foram estatisticamente significativos (P>0,05) quando comparados com os dos indivíduos do grupo de controlo (Tabela 2). Observou-se um aumento significativo (P<0,05) do rácio LDL-C/HDL-C nos dois grupos de seropositivos (naïve e em tratamento há 1-6 meses) quando comparados com o controlo (Quadro 2).

Além disso, os indivíduos seropositivos têm um nível mais elevado de açúcar no sangue em jejum quando comparados com o controlo, embora o aumento não seja estatisticamente significativo (P<0,05), como mostra a figura 7 acima. Foi demonstrado que o nível de glicose dos indivíduos seropositivos aumenta com o aumento do nível de contagem de células T CD4, apesar de os dois índices não estarem significativamente correlacionados entre os grupos.

Quadro 2: Efeito do VIH e da HAART nos perfis glicémico e lipídico dos inquiridos em Sokoto.

Perfis lipídicos (mg/dl)	Controlo	Não iniciados no tratamento	1-6 meses	7-12 meses
Colesterol T	121.6±3.3[a]	124.9±5.6[b]	135.0±4.9[c]	136.5±5.6[d]
TAG	76.2±2.8[a]	88.7±11.8[b]	93.1±7.4[c]	101.2±6.3[d]
Colesterol LDL	57.4±2.9[a]	66.3±5.0[b]	77.5±4.7[a]	66.5±4.6[c]
Colesterol VLDL	15.7±0.6[a]	17.8±2.4[b]	18.6±1.5[c]	20.8±1.6[d]
Índice aterogénico	1.2÷0.1[a,b]	1.9±0.1[b]	2.1±0.2[a]	1.7±0.1[c]

CHAVE:

n= Dimensão da amostra (50/grupo)

Os valores são expressos em média ± SEM

Valores com o mesmo sobrescrito na mesma linha são estatisticamente significativos (P < 0,05) e aqueles com diferentes sobrescritos na mesma linha são estatisticamente insignificantes.

Colesterol T: Colesterol total, TAG: Triglicéridos, HDL: Lipoproteína de alta densidade, LDL: Lipoproteína de baixa densidade,

VLDL: lipoproteína de densidade muito baixa, FBS: açúcar no sangue em jejum.

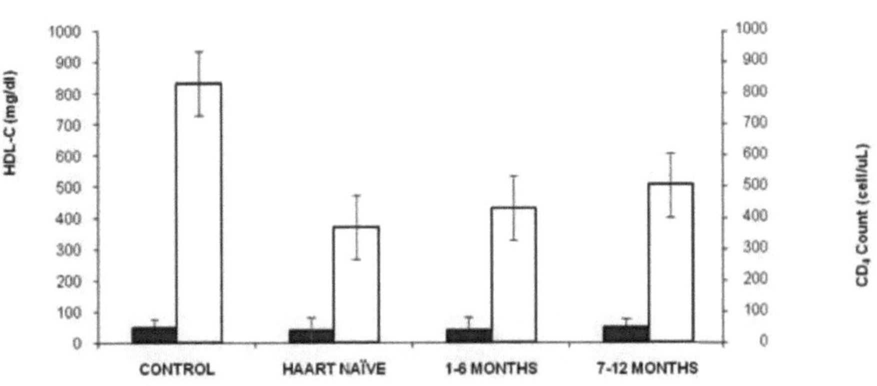

Figura 6: Efeito do VIH e da TARV no colesterol HDL e na contagem de células CD4 dos respiradores em Sokoto

Relação de correlação entre o colesterol HDL e a contagem de células CD4

Número de pontos: 50/grupo.

Controlo: r= 0,00080 e r ao quadrado = 6,335E-07

HAART Naïve: r= -0,1348 e r ao quadrado = 0,01817

1-6 Meses: r= -0,03512 e r ao quadrado = 0,00123

7-12 Meses: r= -0,01896 e r ao quadrado = 0,00036

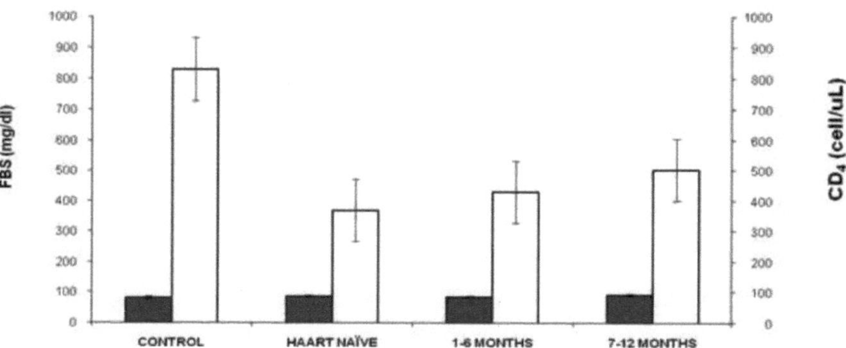

Figura 7: Efeito do VIH e da HAART no FBS e na contagem de células CD4 dos respiradores em Sokoto.

Relação de correlação entre o FBS e a contagem de células CD4

Número de pontos: 50/grupo

Controlo: r=0,01661 e r ao quadrado = 0,00028

HAART Naïve: r= - 0,1101 e r ao quadrado = 0,01213

1-6 Meses: r= -0,3770 e r ao quadrado = 0,09203

7-12 Meses: r= -0,06106 e r ao quadrado = 0,00373

Os perfis glicémico e lipídico dos inquiridos por sexo são apresentados na Tabela 3.

O colesterol total em jejum, os TAG, o VLDL-C e o açúcar no sangue em jejum dos homens e das mulheres dos três grupos VIH positivos (HAART naïve, em tratamento durante 1-6 meses e 7-12 meses de tratamento), respetivamente, não diferiram significativamente (P> 0,05) em comparação com o controlo. Os níveis séricos de HDL-C das mulheres seropositivas HAART naïve foram significativamente inferiores (P<0,05) aos do grupo de controlo feminino.

O nível de LDL-C das mulheres seropositivas com HAART durante 1-6 meses e 7-12 meses é significativamente mais elevado (P<0,05) em comparação com o grupo de controlo feminino (Tabela 3). As mulheres seropositivas que não tomam HAART têm um índice aterogénico significativamente (P<0,05) mais elevado do que as mulheres do grupo de controlo (Quadro 3).

Quadro 3: Efeito do VIH e da TARV nos perfis glicémico e lipídico dos inquiridos, por sexo, em Sokoto

Perfis lipídicos (mg/dl)	Controlo F(n)=22, M(n)=28	Não iniciados no tratamento F(n)=33, M(n)=17	1-6 meses F(n)=32, M(n)=18	7-12 meses F(n)=36, M(n)=14
Colesterol TOTAL				
- Masculino	122.3±5.0[a]	108.7±5.3[b]	131.7±7.3[d]	116.9±7.9[c]
- Feminino	120.7±4.2[b]	133.2±7.6[a]	136.8±6.6[c]	144.1±6.8[d]
TAG				
- Masculino	77.8±3.0[b]	85.1±13.0[a]	93.2±11.4[d]	96.1±8.8[c]
- Feminino	74.2±5.2[a]	90.6±16.8[b]	93.1±9.8[c]	103.2±8.1[d]
Colesterol HDL				
- Masculino	49.1±1.2[b]	41.7±2.6[e]	38.4±2.2[c]	51.4±5.3[d]
- Feminino	49.4±1.7[a]	37.4±2.1[a]	41.6±1.9[b]	45.9±2.6[c]
Colesterol LDL				
- Masculino	60.9±3.7[a]	50.0±6.1[b]	77.1±7.1[c]	46.3±6.6[d]
- Feminino	50.9÷5.0[c,d]	74.6±6.5[a]	77.6±6.2[c]	77.1±5.2[d]
Colesterol VLDL				
- Masculino	15.6±0.6[a]	17.1±2.6[b]	18.7±2.3[c]	19.2±1.9[d]
- Feminino	15.8±1.0[a]	18.1±3.4[b]	18.6±1.9[c]	21.3±2.1[d]
Índice aterogénico	1.3±0.1[f]	1.4±0.2[d]	2.2±0.3[f]	1.2±0.2[c]

- Masculino

| - Feminino | 1.2 ± 0.1^b | 2.2 ± 0.2^b | 2.0 ± 0.2^c | 1.9 ± 0.2^d |

FBS

| - Masculino | 83.4 ± 3.2^b | 90.3 ± 6.8^a | 89.1 ± 5.1^c | 98.9 ± 6.5^d |
| - Feminino | 80.1 ± 3.0^c | 85.8 ± 3.3^b | 83.6 ± 3.3^e | 87.4 ± 2.8^e |

CHAVE: n= Tamanho da amostra (50/grupo)

Os valores são expressos em média ± SEM

Os valores com o mesmo sobrescrito na mesma linha são estatisticamente significativos e os valores com diferentes na mesma linha são estatisticamente insignificantes. M=Masculino, F=Feminino

TAG: Triglicéridos, HDL: Lipoproteína de alta densidade, LDL: Lipoproteína de baixa densidade, VLDL: Lipoproteína de densidade muito baixa, FBS: Glicemia em jejum.

Índices de Antioxidantes

Os Índices de Antioxidantes dos inquiridos são apresentados no Quadro 4 e na Figura 8.

Os doentes VIH positivos têm níveis significativamente mais baixos (P<0,05) de glutatião reduzido (GSH) em comparação com o grupo de controlo. Os doentes que tomam HAART durante 7-12 meses têm níveis mais elevados de GSH em comparação com os outros.

Os níveis de malondialdeído são significativamente mais elevados (P<0,05) nos doentes com VIH em comparação com o controlo (Tabela 4). A atividade da catalase foi significativamente (p<0,05) mais baixa nos ingénuos tratados em comparação com o controlo (Quadro 4).

A concentração sérica de vitamina A foi significativamente mais baixa (p<0,05) no grupo de doentes seropositivos que não receberam tratamento, em comparação com o grupo de controlo. Os doentes em tratamento com ART durante 1 a 6 meses têm níveis significativamente mais elevados (P<0,05) em comparação com o grupo sem tratamento. Do mesmo modo, os níveis de vitamina A eram significativamente mais elevados (P<0,05) nos indivíduos em TARV durante 7 a 12 meses, em comparação com os que estavam em tratamento durante 1-6 meses (Figura 8). Além disso, o nível de vitamina A aumenta à medida que o nível de contagem de leucócitos aumenta, mas não foi demonstrada uma correlação significativa entre eles em nenhum dos grupos.

Os doentes sem tratamento (não tratados), os doentes em tratamento (1 a 6 meses e 7 a 12 meses) tinham uma concentração mais baixa de vitamina C em comparação com os indivíduos seronegativos (Quadro 4).

Os níveis de vitamina E dos doentes que não estão a tomar HAART e dos doentes que estão a tomar HAART há 7 a 12 meses foram significativamente mais baixos (P<0,05) em comparação com o grupo de controlo (Quadro 4).

Quadro 4: Efeito do VIH e da HAART nos índices de antioxidantes dos inquiridos em Sokoto

Antioxidantes	Controlo	Não iniciados no tratamento	1-6 meses	7-12 meses
GSH (mg/dl)	45.6±2.3[a]	30.5÷2.5[a,b]	36.9±2.3[c]	42.1±2.7[b]
MDA (nmol/L)	210.5÷5.4[a,b,c]	352.3±28.7[a]	347.9±10.0[b]	295.0±21.2[c]
Catalase (UI/L)	61.6÷2.9[a,b]	44.7±3.3[a]	48.4±2.9[b]	52.1±3.7[e]
Vitamina C (µmol/L)	76.6÷2.1[a,b,c]	52.1±4.0[a]	56.7±3.9[b]	62.7±3.5[c]
Vitamina E (µmol/L)	21.4±0.4[a]	1ε.1÷0.7[ab]	19.5±0.5[c]	20.8±0.4[b]

CHAVE:

n= dimensão da amostra (50/grupo) exceto:

GSH (n=45), MDA (n=45), Catalase (n=44), Vitamina C (n=47) e Vitamina E (n=45) de indivíduos sem tratamento.

GSH (n=49), MDA (n=49), Vitamina E (n=48) das pessoas em tratamento durante 1-6 meses

Vitamina E (n=48) dos indivíduos em tratamento durante 7-12 meses.

Os valores são expressos em média ± SEM

Valores com o mesmo sobrescrito na mesma linha são estatisticamente significativos (P < 0,05) e aqueles com diferentes sobrescritos na mesma linha são estatisticamente insignificantes (P < 0,05).

GSH: Glutatião reduzido, MDA: Malondialdeído, UI: Unidade Internacional, L: Litro

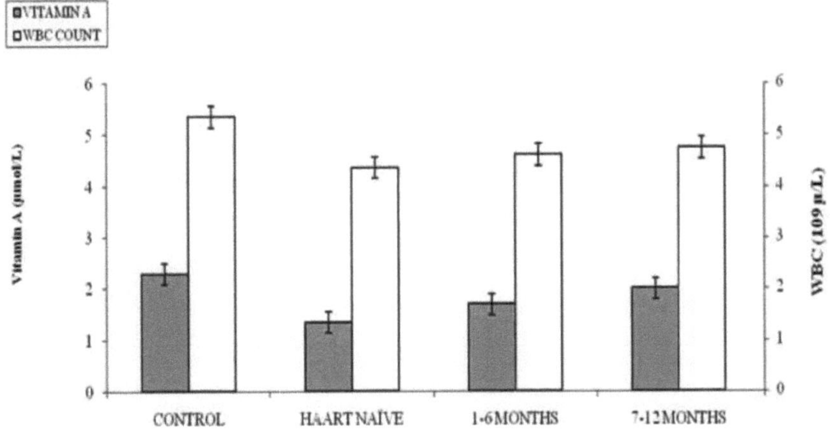

Figura 8: Efeito do VIH e da HAART na vitamina A e na contagem de leucócitos dos inquiridos em Sokoto

Relação de correlação entre o colesterol HDL e a contagem de células CD4

Número de pontos: 50/grupo, exceto Vitamina A (n=44) de indivíduos que não receberam tratamento.

Controlo: r= 0,03046 e r ao quadrado = 0,09277

HAART Naïve: r= -0,00291 e r ao quadrado = 8,463E-06

1-6 Meses: r= 0,1786 e r ao quadrado = 0,03191

7-12 Meses: r= -0,1676 e r ao quadrado = 0,02810

Os Índices de Antioxidantes dos inquiridos por sexo são apresentados no Quadro 5.

Foi observado um nível significativamente mais baixo (P<0,05) de glutatião no grupo feminino não tratado em comparação com o grupo de controlo feminino (Quadro 5).

Foi observada uma diminuição significativa (P<0,05) no nível de MDA do controlo feminino quando comparado com os indivíduos não tratados e os tratados durante 1 a 6 meses (Quadro 5).

Além disso, observou-se um nível significativamente mais baixo (P<0,05) de vitamina A nos homens e mulheres seropositivos que não receberam tratamento, nos que tomaram HAART durante 1 a 6 meses e 7-12 meses, em comparação com o grupo de controlo (Quadro 5).

Observou-se também que o grupo de controlo masculino tinha um nível significativamente mais elevado (P<0,05) de vitamina C em comparação com os homens infectados pelo VIH não tratados com HAART (Quadro 5).

Também se observou um nível significativamente mais elevado (P<0,05) de vitamina E nas mulheres do grupo de controlo em comparação com as mulheres infectadas pelo VIH que não receberam HAART (Quadro 5).

Quadro 5: Efeito do VIH e da TARV nos índices de antioxidantes dos inquiridos, por sexo, em Sokoto

Antioxidantes	Controlo M(n)=28, F(n)=22	Não iniciados no tratamento M(n)=12, F(n)=38	1-6 meses M(n)=18, F(n)=32	7-12 meses F(n)=36, M(n)=14
GSH (mg/dl)	45.5±2.8[b]	34.7±3.9[c]	35.2±2.9[d]	44.9±4.2[e]

- Masculino				
- Feminino	45.8±4.0[a]	28.9=3.1[a]	37.9±3.2[c]	40.9±3.3[d]
MDA (nmol/L)				
- Masculino	206.7÷7.0[c]	284.9±57.1[b]	362.5±15.8[c]	295.3±38.9[e]
- Feminino	215.3÷8.4[a,b]	376.9±32.7[a]	339.4±12.9[b]	294.9±25.6[c]
Catalase (U/L)				
- Masculino	66.4±4.5[a]	47.5±7.6[b]	44.4±4.9[a]	57.4±6.4[c]
- Feminino	55.6±3.0[b]	43.7±3.6[c]	50.7±3.7[d]	49.9±4.5[e]
Vitamina A (µmol/L)				
- Masculino	2.3÷0.060[a,b]	1.4÷0.2[a,c]	1.8÷0.1[b]	2.1÷0.1[c]
- Feminino	2.3÷3.1[d,e]	1.3±0.1[cbf]	1.6±0.1[e]	1.9÷0.1[f]
Vitamina C (µmol/L)				
- Masculino	78.3±3.Γ	49.8±6.3[a]	57.1±6.2[c]	61.5±6.8[d]
- Feminino	74.4±2.7[c]	53.5±4.9[d]	56.4±5.2[e]	63.2±4.1[f]
Vitamina E (µmol/L)				
- Masculino	21.3÷0.5[b]	18.2÷1.3[c]	18.9÷0.8[d]	20.2÷1.5[e]
- Feminino	21.4÷0.6[a]	18.1÷0.8[ab]	19.8÷0.7[c]	21.2÷0.5[b]

CHAVE:

Os valores são expressos em média ± SEM

Valores com o mesmo sobrescrito na mesma linha são estatisticamente significativos (P<0,05) e aqueles com diferentes sobrescritos na mesma linha são estatisticamente insignificantes (P<0,05).

n= Tamanho da amostra. M=Masculino. F=Feminino

GSH: Glutationa reduzida. MDA: Malondialdeído. I U: Unidade Internacional. L: Litro

Parâmetros imunológicos (contagem de células T CD4 e de leucócitos)

Os índices imunológicos dos inquiridos são apresentados no Quadro 6

Todos os grupos de doentes seropositivos têm níveis significativamente (P<0,05) mais baixos de células T CD4 em comparação com os indivíduos seronegativos (Figuras 6 e 7). Os níveis de células T CD4 aumentaram nos indivíduos em tratamento durante 7-12 meses, em comparação com os outros dois grupos VIH positivos, embora o aumento não seja estatisticamente significativo ($P<0,05$). A contagem total de glóbulos brancos foi significativamente ($p<0,05$) mais baixa em todos os três grupos seropositivos, exceto nos que estiveram em tratamento durante 7-12 meses, em comparação com o grupo seronegativo (Figura 8).

Quadro 6: Efeito do VIH e da TARV nos índices imunológicos dos inquiridos, por sexo, em Sokoto

Parâmetros	Controlo M(n)=28, F(n)=22	Não iniciados no tratamento M(n)=12, F(n)=38	1-6 meses M(n)=18, F(n)=32	7-12 meses F(n)=36, M(n)=14
Células T CD4 (cell/µL)				
- Masculino	$837.040\pm40.105^{a,b,c}$	278.210 ± 53.887^{a}	460.610 ± 84.684^{b}	423.790 ± 35.493^{c}
- Feminino	$823.910\pm38.79^{d,e,f}$	417.320 ± 60.305^{d}	413.330 ± 47.330^{e}	534.560 ± 34.344^{f}
Contagem de leucócitos ($\times10^{9}$/µL)				
- Masculino	5.371 ± 0.261^{a}	4.588 ± 0.256^{b}	4.822 ± 0.352^{c}	5.179 ± 0.278^{d}
- Feminino	5.336 ± 0.328^{b}	4.252 ± 0.225^{c}	4.503 ± 0.211^{d}	4.592 ± 0.228^{e}

Os valores são expressos em média ± SEM

Valores com o mesmo sobrescrito na mesma linha são estatisticamente significativos ($P<0,05$) e aqueles com diferentes sobrescritos na mesma linha são estatisticamente insignificantes ($P<0,05$).

n= Tamanho da amostra, M=Masculino, F=Feminino

WBC-COUNT: Contagem de glóbulos brancos (diferencial).

Os índices imunológicos dos inquiridos por género são apresentados no Quadro 7

O tratamento de doentes seropositivos com HAART estava a resultar em melhores resultados através da melhoria dos níveis de células T CD4 e da contagem de leucócitos. Além disso, o resultado mostrou que os grupos de homens e mulheres seropositivos têm níveis significativamente mais baixos ($P<0,05$) de contagem de células CD4 em comparação com os grupos de homens e mulheres, respetivamente (Tabela 7). O nível de contagem de leucócitos de todos os grupos de homens e mulheres seropositivos era mais baixo, embora não estatisticamente significativo (P<0,05), em comparação com o controlo masculino e feminino, respetivamente (Quadro 7).

53

DISCUSSÃO, CONCLUSÃO E RECOMENDAÇÕES

Discussão

Caraterísticas demográficas e clínicas

Este estudo examinou o efeito do vírus da imunodeficiência humana e das terapias anti-retrovirais nos lípidos, nos marcadores de stress oxidativo e em alguns índices imunológicos em doentes infectados pelo VIH que não receberam HAART (pré-HAART), que receberam HAART durante 1 a 6 meses e que receberam HAART durante 7 a 12 meses.

Os dados divulgados pela ONUSIDA (2011) mostram que cerca de 58% (1,72 milhões) das pessoas infectadas pelo VIH na Nigéria são mulheres jovens e constituem também cerca de 55% das mortes por SIDA. A CIA (2012) informou que a Nigéria é o segundo país do mundo (depois da África do Sul) com o maior número de pessoas que vivem com o VIH e que, entre elas, as mulheres jovens com idades compreendidas entre os 15 e os 24 anos eram três vezes mais numerosas do que os homens da mesma idade. O número de pessoas infectadas pelo VIH é geralmente mais elevado no sexo feminino do que no masculino (ONUSIDA, 2010). O VIH infectou gravemente mais mulheres do que homens na África Subsariana, onde as mulheres representam quase 57% dos adultos que vivem com VIH/SIDA (Ibeh *et al.*, 2013). Sabe-se também que, de todas as pessoas que vivem com VIH no mundo (5,4 milhões), mais de três milhões (3,0 milhões) são do sexo feminino. Acredita-se que muitos factores contribuem imensamente para a exposição das mulheres à infeção pelo VIH no mundo, entre os quais se incluem caraterísticas anatómicas e fisiológicas específicas, uma vez que a transmissão de homem para mulher é mais elevada do que de mulher para homem (Nasida e Takena, 2004), o que pode dever-se à fácil passagem do VIH para as mulheres jovens devido aos seus tratos vaginais imaturos e tecidos facilmente rasgados (Ibeh *et al.*, 2013). Também contribuem para uma maior exposição das mulheres as desigualdades de género em muitas tribos em África, que impedem as mulheres jovens de negociar práticas sexuais mais seguras que incluem a utilização de contraceptivos como o preservativo (Ibeh *et al.*, 2013). Acredita-se também que os homens têm múltiplos parceiros sexuais do que as mulheres, o que também os expõe muito mais à infeção do que os homens (Nasidi e Takena, 2004), a ONUSIDA (2011) informou que 33% das mulheres casadas na Nigéria estão num sistema de casamento poligâmico, o que implica que um homem seropositivo pode infetar duas ou mais das suas esposas. Além disso, o analfabetismo, associado a outros factores socioeconómicos, pode ser a força motriz que aumenta o risco de as mulheres serem infectadas através de uma maior comercialização do sexo (FMOH, 2003). No Estado de Sokoto, observámos que os testes voluntários e de aconselhamento (VCT) de rotina oferecidos durante a gravidez contribuíram para que as mulheres fossem detectadas numa fase precoce da infeção pelo VIH. A maioria das mulheres com infeção por VIH recentemente diagnosticada foi encaminhada da clínica pré-natal (ANC) para o centro de VCT.

Muitos factores podem contribuir para a taxa mais elevada de infeção pelo VIH na meia-idade; entre eles, a força física e o elevado desejo sexual, que é a principal via pela qual a infeção pelo VIH pode ser transmitida (FMOH, 2003).

O Fundo das Nações Unidas para a Infância (2002) referiu que os jovens solteiros ou não casados têm mais probabilidades de contrair a infeção pelo VIH do que os parceiros casados, o que é contrário ao resultado do presente estudo. Os estudos de Nawal (2006); Dunkle *et al.* (2008) revelaram uma maior incidência de infeção pelo VIH em parceiros casados do que em indivíduos solteiros, o que está de acordo com a nossa conclusão. Haque e Soonthorndhada (2009) relataram um aumento da perceção de risco de infecções de transmissão sexual como razão para o uso de preservativos em jovens solteiros do que nos casados. Ibeh *et al.* (2013) referiram que os indivíduos solteiros têm múltiplos parceiros sexuais e podem provavelmente ter uma maior tendência para usar proteção contra a infeção pelo VIH do que os indivíduos casados com um número limitado de parceiros sexuais.

Perfis glicémicos e lipídicos

Os nossos resultados sobre os perfis lipídico e glicémico são consistentes com um relatório de Iffen *et al.* (2010), no qual não foi relatada qualquer diferença significativa nos níveis de colesterol total em jejum do grupo de controlo quando comparado com indivíduos seropositivos. Do mesmo modo, Kumar e Sathian (2011) não registaram alterações significativas no nível de TAG dos doentes seropositivos quando comparados com o grupo de controlo em Kalyani, na Malásia. Um estudo de Kumar *et al.* (2006) revelou que o colesterol da lipoproteína de densidade muito baixa estava acentuadamente elevado em doentes com VIH/SIDA em comparação com indivíduos normais, o que está em conformidade com os nossos resultados, embora a elevação não seja significativa.

Francis e Onyinye (2011) registaram um aumento significativo do colesterol total, dos triglicéridos e do colesterol da lipoproteína de densidade muito baixa no soro dos doentes seropositivos quando comparados com o grupo de controlo. Este estudo contrasta com os resultados do presente estudo.

O VLDL-C é constituído principalmente por triglicéridos, o que pode substituir a razão para a ausência de alterações significativas no nível de VLDL-C observada quando também não foram observadas alterações significativas no TAG entre os três grupos VIH positivos.

O presente estudo corrobora a conclusão de Khiangte *et al.* (2007), que referiu que a média de HDL-C era significativamente mais elevada no grupo HAART em comparação com o grupo HAART naïve. A conclusão deste estudo também é consistente com um estudo de Ducobu e Payen (2010), que referiu que a infeção pelo VIH induz uma diminuição precoce do colesterol HDL, que é proporcional à diminuição da contagem de CD4, o que revela a gravidade das infecções. Chandrasekaran *et al.* (2011) sugeriram que o uso de terapia baseada em inibidores da transcriptase reversa não-nucleosídeos (que foi usada principalmente pelos pacientes deste estudo) resulta numa elevação dos níveis de HDL- e, portanto, pode ser menos aterogénico do que os inibidores da protease.

Khiangte *et al.* (2007) registaram uma diminuição do nível de colesterol HDL à medida que a progressão da doença por VIH prossegue, com um declínio concomitante dos níveis de células CD4. A progressão da infeção pelo VIH é conhecida pela depleção da contagem de células CD4, que também é acompanhada pela diminuição do colesterol HDL, tal como referido por Obirikorang *et al.* (2010). Uma vez que o vírus (VIH) enfraquece o sistema imunitário, é provável que ocorram várias co-infecções, o que pode levar a febre, desnutrição, diarreia, perda de apetite, etc. A gordura dos alimentos é a principal fonte de colesterol HDL, que diminui em resultado da má absorção de gordura dos alimentos causada pela diarreia (Khiangte *et al.*, 2007).

O estudo de Francis e Onyinye (2011) sobre os efeitos da HAART no perfil lipídico em pessoas infectadas pelo VIH em Asaba, Estado do Delta, Nigéria, contradiz a conclusão do presente estudo, onde não observaram qualquer diferença significativa (P<0,005) nos níveis médios de HDL-C no soro dos indivíduos infectados pelo VIH que tomaram HAART em comparação com os que não tomaram HAART e os indivíduos seronegativos para o VIH.

Ducobu e Payen (2010) também referiram que os doentes com SIDA apresentavam níveis mais elevados de LDL-C quando comparados com o grupo seronegativo, o que está em conformidade com os resultados do presente estudo. Outros estudos (Kumar *et al.*, 2006; Iffen *et al.*, 2010) relataram níveis de colesterol LDL mais elevados em doentes seropositivos quando comparados com o grupo de controlo.

Miserez *et al.* (2002) referiram que os doentes seropositivos que tomam ARV têm normalmente níveis elevados de colesterol LDL, o que está em conformidade com os resultados do presente estudo, uma vez que foram observados no grupo de tratamento de 1-6 meses. Os mecanismos pelos quais os ARV resultam em perturbações metabólicas não são totalmente compreendidos, mas as anomalias lipídicas em doentes com VIH que recebem tratamento com inibidores da protease (IP) são mais evidentes (Leither *et al.*, 2006).

Muthumani *et al.* (2003) não mostraram alterações significativas no nível de açúcar no sangue em jejum dos indivíduos seropositivos em comparação com o grupo de controlo, o que corrobora os resultados do presente estudo. Hadigan *et al.* (2001) referiram que os níveis de açúcar no sangue em jejum permanecem dentro dos limites normais na maioria dos doentes que recebem uma terapia antirretroviral potente. Gadd (2005) referiu que a baixa contagem de CD4 em indivíduos seropositivos está associada a um nível elevado de glicose, o que pode ser a razão para o nível de glicose mais elevado (não estatisticamente significativo) nos três grupos quando comparados com o grupo de controlo (com a contagem de células CD4 mais elevada).

Índices de Antioxidantes

Estudos (Wanchu, 2009; Deresz *et al.*, 2010; Oguntibeju *et al.*, 2010; Kashou e Agarwal, 2011) referiram que a infeção pelo VIH está associada ao stress oxidativo causado por espécies reactivas de oxigénio que promovem a progressão do VIH para a SIDA. Outros estudos realizados por Derenz, (2010) e Wang *et al.* (2007) referiram que os medicamentos anti-retrovirais (ARV) aumentam o stress oxidativo. Estes dois factores conduzem a uma situação insalubre nas pessoas que vivem com VIH/SIDA, que pode ainda agravar-se devido a factores como a diarreia, a perda de apetite, a má absorção de nutrientes e a baixa ingestão alimentar, que estão todos associados tanto ao VIH como à utilização de ARV (Drain, 2007).

Os níveis significativamente mais baixos (P<0,05) de glutatião no grupo sem tratamento em comparação com o grupo de controlo podem dever-se ao catabolismo maciço da cisteína em sulfato pelo VIH (Breitkreutz *et al.*, 2000). Breitkreutz *et al.* (2000) referiram que a cisteína é um dos precursores da glutationa e que a infeção pelo VIH está associada a um catabolismo maciço (mais de 4 g por dia) da cisteína em sulfato, que pode ser detectado numa fase inicial assintomática da doença através da excreção urinária de sulfato, tal como referido por Breitkreutz *et al.* (2000). O catabolismo excessivo da cisteína ocorre em grande parte à custa do glutatião e não das proteínas e por um mecanismo ainda por compreender (Droge e Breitkreutz, 1999). A infeção pelo VIH induz a depleção intracelular do nível de glutatião, de modo a facilitar a indução da via de sinalização que conduz à ativação dos linfócitos e a tornar as células mais sensíveis ao stress oxidativo (Droge, 2002).

Herzenberg *et al.* (1997) e Stephensen *et al.* (2007) relataram um nível significativamente mais baixo (P<0,05) de glutatião reduzido em doentes seropositivos em comparação com o controlo. A HAART produz a supressão máxima da replicação viral para prevenir a progressão da doença, preservar a função imunológica e reduzir as infeções oportunistas (Lizette *et al.*, 2013).

O resultado registado em relação ao MDA é consistente com os estudos relatados por Jareno *et al.* (1998); Gil *et al.*, (2003); Gil *et al.* (2011); Mgbekem *et al.* (2011) e Moses *et al.* (2012); todos eles relataram níveis significativamente mais elevados (P<0,05) de MDA em doentes seropositivos (pré-HAART) e em HAART em comparação com o sujeito de controlo. Os níveis elevados de MDA observados neste estudo podem dever-se à indisponibilidade de micronutrientes, à degradação do sistema imunitário que gera oxirradicais, à inflamação e à libertação de citocinas que levam os neutrófilos e os macrófagos a produzir radicais livres, o que, subsequentemente, aumenta a peroxidação lipídica e conduz frequentemente ao stress oxidativo e à apoptose celular (Sen e Chakraborty, 2011; Teto *et al.*, 2011). Os radicais livres produzidos em resultado da infeção pelo

VIH estão associados à perda de peso, à diminuição das células imunitárias e à perda extensiva da função imunitária, que subsequentemente resultam na peroxidação maciça de lípidos poli-insaturados (Porter *et al.*, 1995 e Murray *et al.*, 2000). O nível significativamente mais elevado (P<0,05) de MDA no grupo de mulheres seropositivas não tratadas em comparação com o grupo de controlo pode dever-se ao aumento da atividade da lipoxigenase, que é mediada pelos níveis de citocinas (Manuela *et al.*, 2005). Diferentes células das células imunitárias, como os neutrófilos e os leucócitos, contêm enzimas lipoxigenase, que são as principais enzimas para o catabolismo dos fosfolípidos das membranas celulares (Naik, 2010). O nível elevado de MDA nas mulheres seropositivas não tratadas em comparação com o grupo de controlo pode dever-se ao nível mais elevado de fosfolípidos armazenados nas mulheres e à elevada libertação de neutrófilos e leucócitos.

Vários relatórios (Jaruga *et al.*, 2002; Stephensen *et al.*, 2007; Azu, 2012 e Ibeh *et al.*, 2013) mostram actividades mais baixas da catalase em seropositivos não tratados e nos tratados com HAART quando comparados com o grupo de controlo. A diminuição das actividades da catalase no grupo não tratado pode dever-se ao aumento da utilização de enzimas endógenas como a catalase e a superóxido dismutase (SOD) em resultado do aumento das espécies reactivas de oxigénio pela infeção pelo VIH (Ibeh *et al.*, 2013).

Os baixos níveis de vitamina A, C e E observados podem ser o resultado da necessidade excessiva de ultrapassar as anomalias imunitárias, da desintoxicação dos radicais livres e da inibição do VIH (Bilbis *et al.*, 2010). Os sintomas da doença (VIH/SIDA) e os efeitos secundários das DAR, como a diarreia, a perda de apetite, a baixa ingestão alimentar e a má absorção, podem levar à diminuição dos níveis de vitaminas (Olaniyi e Arinola, 2007). Os lípidos ajudam na absorção das vitaminas lipossolúveis (A e E), actuando como um meio para o transporte das vitaminas lipossolúveis (Naik, 2010). A peroxidação lipídica observada no estudo também pode ser uma razão para a deficiência das vitaminas (A e E) observada (Naik, 2010).

O resultado do nosso estudo é consistente com vários estudos anteriores que relataram uma diminuição significativa (P<0,05) nos níveis de vitamina A, C e E em pacientes VIH positivos com e sem terapia antirretroviral em comparação com o controlo (Johane *et al.*, 1998; Bilbis *et al.*, 2010 e Moses *et al.*, 2012).

Doses sustentáveis de vitamina C podem ser benéficas para ultrapassar os efeitos adversos das ROS e melhorar a resposta imunitária na altura da infeção (Eylar *et al.*, 1996). Do mesmo modo, durante a fase aguda da infeção pelo VIH, verificou-se que o retinol sérico estava reduzido devido ao declínio transitório da proteína de ligação ao retinol sérico (Henrik, 2005).

Além disso, o nível de vitamina A aumenta à medida que o nível de contagem de leucócitos aumenta, como mostra a Figura 8. A vitamina A é essencial para estimular o sistema imunitário, que regula a produção de glóbulos brancos para destruir as bactérias e os vírus que causam infecções (Kashou e Agarwal, 2011). Este facto pode ser a razão para a diminuição substancial do nível de contagem de leucócitos com a diminuição do nível de vitamina A.

Parâmetros imunológicos (contagem de células T CD4 e de leucócitos)

Foi relatado que a infeção pelo VIH causa diversos graus de imunopatogénese nas pessoas que vivem com o VIH, o que tem consequências hematológicas e bioquímicas enormes (Watkins *et al.*, 1990). A progressão da infeção pelo VIH está associada a uma depleção substancial do nível de contagem de células T CD4 (Shearer *et al.*, 1998). O teste de contagem de células T CD4 e de leucócitos é utilizado por rotina na avaliação e monitorização das pessoas que vivem com o VIH (CDC, 1989). A contagem de células T CD4 é um teste padrão utilizado para avaliar o estádio da infeção pelo VIH e para tomar uma decisão sobre o início da terapia antirretroviral (Hanson *et al.*, 1995). Verifica-se também que tem uma boa correlação com o desenvolvimento de diferentes complicações associadas à infeção pelo VIH (Hanson *et al.*, 1995). A perda ou o declínio do nível de células T CD4 nos doentes com SIDA que não receberam tratamento é um achado comum neste estudo. Alimonti *et al.* (2003) referiram que a infeção pelo VIH afecta principalmente os componentes do sistema imunitário, como as células T CD4, os macrófagos e as células dendríticas. A infeção destrói direta ou indiretamente as células T CD4, enquanto a HAART inibe o crescimento e a reprodução do VIH, reconstruindo assim o sistema imunitário através da intensificação do nível de células T CD4 (Alimonti *et al.*, 2003). O tratamento da infeção pelo VIH com ARV leva a uma redução drástica da carga plasmática de ARN do VIH, que é responsável pela restauração imunitária (Jean-Paul *et al.*, 2004), melhorando assim o nível de contagem de células CD4 em comparação com os indivíduos que não receberam tratamento (Samuel *et al.*, 2003). Foi registado um aumento rápido da contagem de células CD4 no início da HAART, que se crê ser principalmente o resultado da redistribuição das células armazenadas no sistema linforeticular (Phillips *et al.*, 1995). Acredita-se que muitos factores melhoram a qualidade de vida dos indivíduos seropositivos com HAART, entre os quais se incluem: influência na taxa de reconstituição imunitária (Notermans *et al.*, 1999; Staszewski *et al.*, 1999). É provável que o aumento gradual do nível de contagem de células CD4 reflicta a geração de novas células através da expansão periférica de clones de células T pré-existentes ou a geração de células naive derivadas do timo entre os doentes seropositivos com HAART (Crystal *et al.*, 1997; Bosch *et al.*, 2006). O mecanismo de depleção de células CD4 ainda não está elucidado, mas vários investigadores referiram que a contagem de células CD4 diminuiu devido à rutura da membrana celular à medida que o VIH brota da superfície ou do ADN não integrado (Koga *et al.*, 1988; Leonard *et al.*, 1988; Pauza *et al.*, 1990). Hoxie *et al.* (1986) também sugeriram que a complexação intracelular dos produtos das células CD4 e do envelope viral pode resultar em morte celular. Além disso, outros propuseram que a indução intempestiva da morte celular programada constitui um mecanismo adicional para a perda de células CD4 na infeção pelo VIH (Terai *et al.*, 1991). Estudos (Fauci, 1993; Pantaleo *et al.*, 1993; Crystal *et al.*, 1997; Hunt *et al.*, 2003; Bosch *et al.*, 2006) relataram aumentos no nível de contagem de células CD4 entre os doentes seropositivos com HAART.

Os resultados de um estudo realizado por Nikolas *et al.* (2014) mostraram uma forte relação entre a contagem de células CD4 de indivíduos seropositivos com HAART e de indivíduos sem HAART. Os doentes que tomam HAART têm maior probabilidade de morrer de causas não relacionadas com a SIDA, e em idades mais avançadas, do que os que não tomam HAART ou mesmo os que iniciaram a terapêutica tardiamente (Nikolas *et al.*, 2014). A melhoria da saúde dos indivíduos seropositivos que tomam HAART em comparação com os que não tomam HAART pode ser parcialmente explicada pela qualidade dos cuidados de saúde recebidos pelo início precoce da HAART (Sabin, 2009). Se for administrada uma terapia abrangente aos indivíduos infectados pelo VIH, o seu estado de saúde melhorará significativamente, o que pode servir de modelo mesmo para os indivíduos seronegativos (Ahdieh *et al.*, 2003).

Como as terapias se tornaram menos tóxicas e mais eficazes ao longo do tempo, e como as estratégias de gestão da terapia melhoraram, é de esperar que os pacientes em HAART enfrentem riscos de mortalidade mais baixos do que os indivíduos que não estão em HAART (Nikolas *et al.*, 2014). O tratamento com HAART diminui os riscos elevados de mortalidade enfrentados pelos indivíduos infectados pelo VIH, riscos que podem ser parcialmente mediados por uma ativação imunitária e uma inflamação inadequadas (Nikolas *et al.*, 2014).

De um modo geral, é importante monitorizar a contagem global de glóbulos brancos (WBC) porque a elevação dos WBC pode indicar infeção e falta de resposta ao tratamento ou anomalias (Ibeh *et al.*, 2013). A contagem total de leucócitos foi significativamente ($p < 0,05$) mais baixa em todos os três grupos seropositivos, exceto naqueles em tratamento durante 7-12 meses, quando comparados com o grupo seronegativo. Contrariamente, o estudo de Ibeh *et al.* (2013) mostrou uma redução significativa consistente ($P < 0,05$) na contagem de leucócitos de pacientes em HAART em comparação com indivíduos sem HAART. A produção de glóbulos brancos é regulada pela vitamina A (Anthony). O baixo nível de contagem de leucócitos observado em todos os indivíduos seropositivos (exceto os que tomaram HAART durante 7-12 meses) em comparação com os que não tomaram HAART pode dever-se à utilização excessiva de vitamina A para desintoxicar os radicais livres extremos produzidos pela infeção pelo VIH (Bilbis *et al.*, 2010). O aumento progressivo da contagem de leucócitos nas pessoas que tomam HAART pode indicar uma atividade supressora dos medicamentos anti-retrovirais sobre o vírus.

O VIH infecta e ataca principalmente células vitais do sistema imunitário humano e uma das mais importantes deste sistema imunitário são os glóbulos brancos (Obeagu *et al.*, 2014). A infeção pelo VIH leva à diminuição do nível de glóbulos brancos e da contagem de células CD4 (Obeagu *et al.*, 2014). Em conformidade com os nossos resultados, o estudo de Obeagu *et al.* (2014) mostrou que o nível de glóbulos brancos dos doentes seropositivos era inferior ao dos indivíduos seronegativos. Além disso, Kumar *et al.* (2004) e Cheesbrough (2000) revelaram que as infecções virais, como a infeção pelo VIH, levam à redução da contagem de glóbulos brancos. A diminuição do nível de contagem de leucócitos observada pode estar associada ao efeito citopático das células imunitárias em doentes VIH positivos (Obeagu *et al.*, 2014).

Conclusões e recomendações

O colesterol total, os TAG, o VLDL-C e o FBS do grupo de controlo não diferiram significativamente (P>0,05) nos três grupos, o que significa que nem o VIH nem os ARV têm quaisquer efeitos sobre os parâmetros. O colesterol HDL foi significativamente mais baixo (p<0,05) no grupo sem HAART e no grupo em tratamento há 1-6 meses, em comparação com os indivíduos do grupo de controlo. Os níveis de LDL-C foram significativamente mais elevados (P<0,05) nos doentes que receberam HAART durante 1-6 meses, em comparação com os do grupo de controlo. O rácio LDL-C/HDL-C foi significativamente mais elevado (P<0,05) em todos os grupos, exceto nos que estiveram em tratamento durante 7-12 meses, em comparação com o grupo de controlo. Os níveis significativamente mais baixos (P<0,05) de glutatião reduzido (GSH) ocorreram no grupo HAART naïve em comparação com o controlo. Os doentes com VIH apresentam níveis significativamente mais elevados (P<0,05) de MDA e uma menor atividade da catalase quando comparados com o grupo de controlo. Os níveis de vitaminas A, C e E foram significativamente mais baixos (p<0,05) nos doentes com VIH quando comparados com o controlo. Do mesmo modo, o nível de células T CD4 e a contagem de leucócitos foram significativamente mais baixos (P<0,05) do que no controlo.

Este estudo tem algumas limitações:

1. O estudo está limitado a 12 meses de duração da terapia, o que pode não ser adequado para avaliar a alteração a longo prazo dos perfis glicémico e lipídico e de alguns parâmetros imunológicos, bem como o stress oxidativo causado pelo VIH e pela HAART.

2. Não existem dados sobre o historial alimentar individual, pelo que o papel da ingestão alimentar não pode ser comentado.

3. A utilização da cromatografia líquida de alta resolução (HPLC) é altamente específica e precisa na determinação das vitaminas A e E. No entanto, apesar disso, alguns factores obrigaram à utilização do método químico. Esses factores incluíam a limitação financeira e a falta de uma máquina de HPLC funcional na universidade no momento da análise da amostra.

A partir do resultado do nosso estudo, foram feitas as seguintes recomendações:

1.   A avaliação regular do perfil glicémico e lipídico deve fazer parte dos testes de rotina para todos os doentes com VIH, como parte do acompanhamento da sua gestão.

2.   A suplementação com antioxidantes e micronutrientes deve ser seriamente considerada no tratamento de doentes com SIDA para ultrapassar o stress oxidativo.

3.   Deve ser realizado um estudo sobre a duração do tratamento a longo prazo para avaliar o efeito a longo prazo do VIH e da HAART nos perfis glicémico e lipídico, nos antioxidantes e nos parâmetros imunológicos.

4.   Um estudo mais aprofundado deve incluir a história alimentar individual, a fim de obter o papel da dieta.

5.   Um estudo mais aprofundado deve incluir a monitorização dos mesmos doentes em diferentes períodos de terapia antirretroviral e deve também incluir outros parâmetros imunológicos.

Conflito de interesses

Os autores declararam não haver conflito de interesses. Os autores não receberam qualquer apoio financeiro de qualquer organização. Os autores declaram ainda que não existem outras relações ou actividades que possam parecer ter influenciado este estudo.

Agradecimentos

Os autores agradecem ao pessoal dos centros de terapia antirretroviral do Usmanu Danfodiyo University Teaching Hospital, do Specialist Hospital, Sokoto e do Laboratório de Bioquímica e do Laboratório de Patologia Química, todos da Usmanu Danfodiyo University, Sokoto, Nigéria.

REFERÊNCIAS

Abbot, R.D., Wilson, P.W., Kamel, W.B., e Castell, W.P., (1988). High density lipoprotein cholesterol, total cholesterol screening and myocardial infarction. Framingham Study, *Atheros,* **15(8):**207 - 2011.

Abubakar, M.G., Abduljalil M.M. e Nasiru, Y.I. (2014). Alterações nas enzimas da função hepática de doentes com VIH/SIDA tratados com medicamentos anti-retrovirais (ARV) no Hospital Especializado, Sokoto, Nigéria, *Nig. J Basic Appl Scie.* **21(3&4):** 85-89.

Abubakar, M.G., Abduljalil M.M., Bola-Alaka, G. e Nasiru, Y.I. (2015). Influência dos ARVs em algumas alterações bioquímicas nos marcadores não enzimáticos do fígado de pacientes HIV positivos atendidos no Hospital Especializado Sokoto, Nigéria, *Nig. J Basic Appl Scie.* **22(1):**

Adewole, O.O., Eze, S., Betiku, Y., Anteyi, E., Wada, I., Ajuwon, Z. e Erhabor, G. (2010). Perfil lipídico em pacientes com VIH/SIDA na Nigéria, *Afr Health Sc.,* **10(2):** 144-149.

Adeyi, E. (2006). SIDA na Nigéria: A nation on the threshold. Capítulo 2: A epidemiologia do VIH/SIDA na Nigéria. Centro de Estudos da População e do Desenvolvimento de Harvard, pp.106-110.

Ahdieh, L., Yamashita, T.E., Phair, J.P., Detels, R., Wolinsky, S.M. e Margolick, J. (2003). When to initiate highly active antiretroviral therapy: a cohort approach, *Am J Epidemiol,* **231(157):**738-746.

Atividade SIDA, Centro de Controlo de Doenças (1984). Acquired Immunodeficiency Syndrome (AIDS), Weekly Surveillance Report- United States, 32-38.

Alimonti, J.B, Ball, T.B, e Fowke K.R, (2003). Mechanisms of CD4 T lymphocyte cell death in human immunodeficiency virus infection and AIDS (Mecanismos de morte de linfócitos T CD4 na infeção pelo vírus da imunodeficiência humana e SIDA). *J. Gen. Virol.* **84 (7):** 16491661.

Allian, C.C., Lucy, S., Poon, S.G., e Chan, T.C. (1974). Enzymatic determination of Total Serum Cholesterols (Determinação enzimática de colesteróis séricos totais). *Clin Chem,* **20(4):** 470-481.

Altman, L.K. (1982). New homosexual disorder worries health officials", *The New York Times,* 16-18

Altman, L.K. (1984). New U.S. report names virus that may cause AIDS, *the New York Times,* 35-37.

Ammann, A.J, Abrahams, D., Conant, M., Chullllllldwin, D., e Cowan, M. (1983). Disfunção imunitária adquirida em homens homossexuais: Immunologic profiles. *Clin. Immunol. Immunopathol,* **13(27):**315-325.

Anai, M., Funaki M., e Ogihara, T. (1999). Enhanced insulin-stimulated activation of phosphatidylinositol 3-kinase in the liver of high-fat-fed rats, *Diabetes*, **12(48)**:158- 169.

Andrew, C., e David A.C. (2004). Adverse effects of antiretroviral therapy (Efeitos adversos da terapia antirretroviral), *Lancet*; **213(356):** 1423 - 1430.

Anthony, H., Kashou, H. e Ashok, A. (2011). Oxidantes e Antioxidantes na Patogénese do VIH/SIDA, *Open Repr. Sci. J.* **15(3):**154-161

Azu, O.O. (2012). O trato genital masculino na era da terapia antirretroviral altamente ativa (HAART): implicações para a terapia antioxidante, *Azu, J AIDS Clinic Res*, **6 (3):** 7-10.

Baker, H. e Frank, O. (1968). *Clinical Vitaminology, Method and interpretation,* 1ˢᵗ edition, Inter-science publishers, New York, 228-229.

Baker, H. e Frank, O. (1986). *Determinação do tocoferol sérico. In: clinical Biochemistry*, 6ᵗʰ edition. Eimememenn Medical Books, Londres, 902-903

Barham, G. e Trinder, P. (1972). Annals of Clinical Biochemistry, 6:24, citado em Cheesbrough M. (1992): *Medical Laboratory Manual for Tropical countries,* vol. 1 (2ᵃ edição), ELBS, Cambridge, 527 - 545.

Barreiro, P. e Soriano, V. (2006). Ganhos sub-óptimos de CD4 em doentes infectados com VIH que recebem didanosina pus tenofovir, *J Antimicro Chemoth,* **95(57):**806-809

Barre-Sinoussi, F., Chermann, J.C., Rey, F., Nugeyre, M.T., Chamaret, S., Gruest, J., Dauguet, C., Axler-Blin, C., Brun-Vezinet, F., Rouzioux, C., Rozenbaum, W., e Montagnier, L. (1983). Isolation of a T-Lymphotropic retrovirus from a patient at risk for Acquired Immune Deficiency Syndrome (AIDS), *Science,* **56(34):**241-247.

Bassey, O.A., Lowry, O.H., Brock, M.J. e Lopez, J.A. (1946). A determinação da vitamina A e do caroteno em pequenas quantidades de soro sanguíneo. *J. Biochem.* **234(166):** 177-188

Bastard, J.P, Caron, M., e Vidal, H. (2002). Association between altered expression of adipogenic fator SREBP1 in lipoatrophic adipose tissue from HIV-1-infected patients and abnormal adipocyte differentiation and insulin resistance. *Lancet.* **152(359):**1026- 1031.

Beers, R.F. e Sizer I.W., (1952). A spectrophotometric method for measuring the breakdown of hydrogen peroxide by catalase *J. Biol. Chem.* **75(195):** 130-140.

Behrens, G.M, Boerner, A.R., e Weber, K. (2002). A fosforilação e o transporte de glicose no músculo esquelético prejudicados causam resistência à insulina em pacientes infectados pelo HIV-1 com lipodistrofia, *J. Clin. Invest,* **3(10):**1319-1327.

Beregszaszi, M., Dollfus, C. e Levine, M. (2005). Avaliação longitudinal e factores de risco de lipodistrofia e alterações metabólicas associadas em crianças infectadas pelo VIH, *JAIDS,* **2(40):** 161-168.

Bethune, M.P. (2009). Inibidores da transcriptase reversa não nucleósidos, sua descoberta, desenvolvimento e utilização no tratamento da infeção pelo VIH: A review of the last 20 years (1989-2009), *Antiv Res,* **85(1):** 75-90

Bilbis, L.S., Idowu, D.B., Saidu, Y., Lawal, M. e Njoku, C.H. (2010). Níveis séricos de vitaminas antioxidantes e elementos minerais de indivíduos positivos para o vírus da imunodeficiência humana em Sokoto, Nigéria. *Ann. Afr. Med.,* **9(4):**235-239.

Bonnet, F., Moriat, P. e Chene, G., (2002). Causas de morte entre doentes infectados com VIH na era da terapia antirretroviral altamente ativa, Bordéus, França, 1998-1999, *HIV Med.,* **17(3):**195-199.

Bosch, R.J., Wang, R., Vaida, F., Lederman, M.M. e Albrecht, M.A. (2006). Changes in the slope of the CD4 cell count increase after initiation of potent antiretroviral treatment, *JAIDS,* **127(43):**433-435.

Breitkreutz, R., Hack, V., Daniel, V., Edler, L. e Droge, W. (2000). Melhoria das funções imunitárias na infeção pelo VIH através da suplementação com enxofre: dois ensaios aleatórios, *J Mol Med,* **2(78):** 55-62.

Brinkman, K., Smeitink, J.A., Romijn, J.A. e Reiss P. (1999). A toxicidade mitocondrial induzida pelos inibidores da transcriptase reversa análogos de nucleósidos é um fator-chave na patogénese da lipodistrofia relacionada com a terapia antirretroviral. *Lancet.* **2(354):**1112- 1115.

Brinkman, K., Ter Hofstede, H.J., Burger, D.M., Smeitink, J.A. e Koopmans, P.P. (1998). Efeitos adversos dos inibidores da transcriptase reversa: toxicidade mitocondrial como via comum. *AIDS,* **1(12):**1735-1744.

Brown, T.T., Cole, S.R. e Li, X. (2005). Antiretroviral therapy and the prevalence and incidence of diabetes mellitus in the multicenter AIDS cohort study, *Arch Intern Med,* **215(165):**1179-1184.

Buhl, R., Jaffe, H.A., Holroyd, K.J., Wells, F.B., Mastrangeli, A., Saltini, C., Cantin, A.M., e Crystal, R.G. (1989). Systemic glutathione deficiency in symptom- free HIV- seropositive individuals. *Lancet,* **1(2):**1294-1298.

Gabinete de Higiene e Doenças Tropicais (1986). Boletim informativo sobre a SIDA, **2(1):** 21-35.

Burstein, M., Scholnick, H.R., e Morfin, R., (1970). Rapid method for the isolation of lipoprotein from human serum by precipitation with polyanion, *J. Lipid Res.,* **2(11):**583 - 595.

Calmy, A., Gayet-Ageron, A. e Montecucco, F. (2009). HIV increases markers of cardiovascular risk:

results from a randomized, treatment interruption trial, *AIDS,* **3(23):**929-939.

Campbell, P.J., Mandarino, L.J. e Gerich, J.E. (1988). Quantification of the relative impairment in actions of insulin on hepatic glucose production and peripheral glucose uptake in non-insulin-dependent diabetes mellitus, *Metabolism,* **1(37):**15-21.

Caron, M., Auclair, M. e Vigouroux, C. (2001). O inibidor da protease do VIH indinavir prejudica a localização intranuclear da proteína-1 de ligação ao elemento regulador do esterol, inibe a diferenciação dos pré-adipócitos e induz a resistência à insulina, *Diabetes.* **2(50):**1378- 1388.

Carpentier, A., Patterson, B., Uffelman, K., Salit, I. e Ewis, G. (2005). Mechanism of highly active antiretroviral therapy induced hyperlipidemia in HIV infected individuals, *Ather.,* **4(178):**165-172

Carr, A. e Cooper, D.A. (2000). Adverse effects of antiretroviral therapy (Efeitos adversos da terapia antirretroviral), *Lancet,* **6(356):**1423-1430.

Carr, A., Samaras, K., Burton, S., Law, M., Freund, J. e Chisholm, D.J. (1998a). A syndrome of peripheral lipodystrophy, hyperlipidaemia and insulin resistance in patients receiving HIV protease inhibitors, *AIDS,* **2(12):**51-58.

Carr, A., Samaras, K., Chrisholm, D. e Cooper, D. (1998b). Pathogenesis of HIV protease inhibitors associated peripheral lipodystrophy, hyperlipidemia, and insulin resistance, *Lancet,* **3(351):**1981-1983

Carr, A., Samaras, K., Thorisdottir, A., Kaufmann, G.R., Chisholm, D.J. e Cooper, D.A. (1999). Diagnosis, prediction, and natural course of HIV-1 protease-inhibitor-associated lipodystrophy, hyperlipidaemia, and diabetes mellitus: a cohort study. *Lancet,* **241(353):** 2093-2099.

Cassens, U., Gohde, W., Kuling, G., Groning, A., Schlenke, P., Lehman, L.G., Traore, Y., Servais, J. e Henin, Y. (2004). A citometria de fluxo volumétrica simplificada permite uma determinação exacta e viável dos linfócitos T CD4 em doentes imunodeficientes em todo o mundo. *Ant. Therapy.* **2(9):**395-405.

CDC (1982). Sarcoma de Kaposi (KS), Pneumocystis Carinii Pneumonia (PCP) e Outras Infecções Oportunistas (01): Casos notificados ao CDC a partir de 8 de julho, 35-37.

CDC (1986). Acquired Immunodeficiency Syndrome (AIDS) Weekly Surveillance Report - United States, 35-41.

CDC (2012). As fases dos cuidados, ficha informativa do CDC. 2012. Disponível em http://www.cdc.gov

CDC. (1989). Diretrizes para a profilaxia contra a pneumonia por Pneumocystis carinii em pessoas infectadas com o vírus da imunodeficiência humana. 38:5-6.

Chan, D.C. e Kim, P.S. (1998). HIV entry and its inhibition, *Cell,* **93 (5):** 681-684.

Chandrasekaran, P., Ramesh, S.K., Norma, T., Gopalan, N., Pradeep, A.M., Geetha, R., Sudha, S., Peumal, V., Christine, W., e Soumya, S. (2011). Dyslipidemia among HIV- infected patients with Tuberculosis Taking Once daily Nonnucleoside Reverse- Transcripatase Inhibitors-Based Antiretroviral Therapy in India, *Oxford University Press,* **(10)1093:**540-546.

Chantry, C.J., Michael, D.H., Carmelita, A.M., Joseph, S.C., Williams, A.M., Janice-Hodge, B.S., Peggy, B. e Jack, M.J. (2008). Lipid and Glucose Alterations in HIV infected Children Beginning or Changing Antiretroviral therapy, *Pediatrics,* **122(1):** 129-138.

Chariot, P., Drogou, I., DeLacroix-Szmania, I., Eliezer-Vanerot, M.C., Chazaud, B. e Lombes, A. (1999). Distúrbio mitocondrial induzido por zidovudina com esteatose hepática maciça, miopatia, acidose láctica e depleção de ADN mitocondrial, *J. Hepatol,* **4(30):**156-160.

Cheesbrough, M. (2000). *District Laboratory Practice in Tropical Countries*, 3ʳᵈ edition, Cambridge University Press, Reino Unido, pp. 320-326

Cheesbrough, M. (2010). *District Laboratory Practice in Tropical Countries*, 5ᵗʰ edition, Cambridge University Press, África do Sul, Pp. 313 - 317.

Chen, L., Kwon, Y.D., Zhou, T., Wu, X., O'Dell, S., Cavacini, L., Hessell, A.J., Pancera, M., Tang, M. e Xu, L. (2009). Base estrutural da evasão imunitária no local de ligação do CD4 ao HIV-1 gp120, *Science,* **6(326):** 1123-1127.

Chihuailaf, R.U., Contreras, P.A. e Wittwer, F.G. (2002). Patogénese do stress oxidativo, consequências e avaliação na saúde animal, *Vit. Mex.,* **33(3):** 265-282.

Chikwem, J.O, Mohammed, I. e Ola, T. (1989). Infeção pelo vírus da imunodeficiência humana tipo 1 (VIH-1) entre prostitutas no Estado de Borno, na Nigéria: acompanhamento durante um ano, *East Afr Med J*, **66(11):**752-756.

Chiu, I.M., Yaniv, A., Dahlberg, J.E., Gazit, A., Skuntz, S.F. e Tronick, S.R. (1985). Nucleotide sequence evidence for relationship of AIDS retrovirus to lentiviruses. *Nature,* **317(6035):**366-368.

Chiu, H.J., Fischman, D.A. e Hammerling, U. (2008). A depleção de vitamina A causa stress oxidativo, disfunção mitocondrial e privação de energia dependente de PARP-1, *FASEB J,* **3(22):**3878-3387.

Chukwuanukwu, R.C., Manafa, P.C., Ugwu, E.E., Onyenekwe, C.C., Oluboyo, A.O., Ezeugwunne, I.P. e Ogenyi, S.I. (2013). A Incidência de Diabetes Mellitus entre os Pacientes Positivos para o Vírus da Imunodeficiência Humana (VIH) em Terapia em Nnewi, *IOSR- JNHS,* **(2)3:**37-40.

CIA (2012). Adult prevalence rate, 2012 CIA World Factbook, Adaptado de www.cia.gov.

recuperado em fevereiro de 2014.

Cocohoba, J. (2008). Interação de medicamentos anti-retrovirais e efeitos adversos, *Adv Stud Pharm,* **5(4):** 105-113.

Coffin, J., Haase, A., Levy, J.A., Montagnier, L., Oroszian, S., Teich, N., Temin, H., Toyoshima, K., Varmus, H., Vogt, P. e Weiss R.A. (1986). What call to AIDS virus? (Carta), *Nature,* **4(321):**10-15

Cohen, M.S., Chen, Y.Q. e McCauley, M. (2011). Prevenção da infeção pelo VIH-1 com terapia antirretroviral precoce. *N Engl J Med.* **365(6):**493-505.

Cohen, O.J., Kinter, A. e Fauci, A.S. (1997). Factores do hospedeiro na patogénese da doença do VIH. *Immunol Rev,* **3(159):** 31-48.

Constans, J., Pallegrin, J.L., Peuchant, E., Dumon, M.F., Pellegrin, I. e Sergeant, C. (1994). Plasma lipid in HIV infected patients: a prospective study in 95 patients, *Eur J Clin Invest,* **24(6):** 416-420.

Coutsoudis, A., Bobat, R.A., Coovadia, H.M., Kuhn, L., Tsai, W.Y. e Stein, Z.A., (1999). The effects of vitamin A supplementation on the morbidity of children born to HIV- infected women, *Am. J. Public Health,* **85(8 Pt 1):** 1076-1081.

Crane, H., Grunfeld, C. e Willing, J. (2011). Imapct of NRTIs on lipid level among large HIV infected cohort initiating antiretroviral therapy in clinical care, *AIDS,* **2(25):**185- 195

Croxtall, J. e Perry C. (2010). Lopinavir/Ritonavir: uma revisão da sua utilização no tratamento da infeção pelo VIH, *Drugs,* **2(70):**1885-1915

Crum, N.F., Riffenburgh, R.H. e Wegner, S. (2006). Comparison of causes of death and mortality rates among HIV-infected persons: analysis of the pre-, early and late HAART eras, *JAIDS,* **4(41):**194-200.

Crystal, L.M., Fleisher, T.A.e Brown, M.R. (1997). Distinções entre as vias regenerativas das células T CD8 e CD4 resultam num desequilíbrio prolongado do subconjunto de células T após quimioterapia intensiva, *J Immunol,* **2(89):** 3700-3707.

Cunningham, A.L., Donaghy, H., Harman, A.N., Kim, M. e Turville, S.G. (2010). Manipulação da função das células dendríticas por vírus, *Curr opinion in microbiol,* **13(4):** 524-529.

Currier, J.S. (2002). Cardiovascular risk associated with HIV therapy, *J. Acquir. Immun. Defic. Syndr.,* **2(31):** 16-23.

Currier, J.S., Taylor, A. e Boyd, F. (2003). Coronary heart disease in HIV- infected individuals. *JAIDS,* **4(33):**506-512.

Dagogo, J.S. (2008). Terapia do VIH e risco de diabetes. *Diabetes Care,* **31(6):**1267-1268.

Damond, F., Lariven, S., Roquebert, B., Males, S., Peytavin, G., Morau, G., Toledano, D., Descamps, D., Brun-Vezinet, F. e Matheron S. (2008). Virological and immunological response to HAART regimen containing integrase inhibitors in HIV-2- infected patients, *AIDS,* **2(22):** 665-666.

Daniel, M. (1981). AIDS at 20: Anatomy of a Plague; an Oral History, *Newsweek Web Exclusive,* 231-236.

Deeks, S.G. (2001). International perspectives on antiretroviral resistance: Nonnucleoside reverse transcriptase inhibitor resistance, *JAIDS,* **4(26):**25-33.

Deresz, L. F., Sprinz, E. e Kramer, A. S. (2010). Regulation of Oxidative Stress in Response to Acute Aerobic and Resistance Exercise in HIV-Infected Subjects: a Case-Control Study [Regulação do stress oxidativo em resposta ao exercício aeróbico agudo e de resistência em indivíduos infectados pelo VIH: um estudo de caso-controlo]. *AIDS Care,* **22(11):** 1410-1417.

Donna, E.S. (2005). Metabolic Complications of Antiretroviral Therapy, *International AIDS Society-USA,* **13(2):** 70-74.

Drain, P. K., Kupka, R.. e Mugusi, F. (2007). Micronutrientes em pessoas seropositivas que recebem terapia antirretroviral altamente ativa, *Am J Clin Nutr.,* **7(85):**2333-2345.

Dresner, A., Laurent, D. e Marcucci, M. (1999). Efeitos dos ácidos gordos livres no transporte de glicose e na atividade da fosfatidilinositol 3-quinase associada ao IRS-1. *J Clin Invest.* **10(103):**253-259.

Droge, W. e Breitkreutz, R. (1999). N-acetilcisteína na terapia de pacientes HIV positivos. *Opin clin nutr metab care,* **6(2):**493-498.

Droge, W. (2002). Free Radicals in the Physiological Controlof Cell Function, *the american physiological society,* **5(820):**47-95,

Dubois, R.M., Braitwaite, M.A. e Mikhail, J.R. (1981). Infecções *Primárias por Pneumocystis carinii* e Citomegalovírus, *Lancet,* 1339-1341.

Ducobu, J. e Payen M.C. (2010). Lipídios e SIDA, *Rev. Med. Brux,* **21(1):**11-17.

Dunkle, K.L., Stephenson, R., Karita, E., Chomba, E., Kayitenkore, K., Vwalika, W., Greenberg, L. e Allen, S. (2008). New heterosexually transmitted HIV infections in married or cohabiting couples in urban Zambia and Rwanda: an analysis of survey and clinical data, *Lancet,* **11(371):**2183-2191.

Dybul, M., Fauci, A.S., Bartlett, J.G., Kaplan, J.E. e Pau, AK. (2002). Painel de Práticas Clínicas para o Tratamento do VIH. "Guidelines for using antiretroviral agents among HIV-infected adults and adolescents". *Ann. Intern. Med.* **137(5Pt2):** 381-433.

Eagling, V.A., Back, D.J. e Barry, M.G. (1997). Differential inhibition of cytochrome P450 isoforms by the protease inhibitors ritonavir, saquinavir, and indinavir, *Br J Clin Pharmacol,* **7(44):**190-194.

Eckert, D.M. e Kim, P.S. (2001). Mechanisms of viral membrane fusion and its inhibition (Mecanismos de fusão da membrana viral e sua inibição). *Annu Rev Biochem,* **6(70):**777-810.

Edward, L.M., Ann, C.C., Leslie, A.K., Susan, F.A., Michael, F.P., Timothy, P.F., Princy, N.K., Letty, M., Frances, R.W. e George J. N. (2001). Highly Active Antiretroviral Therapy Decreases Mortality and Morbidity in Patients with Advanced HIV Disease, *Ann Intern Med.* **135(1):**17-26.

Egger, M., May, M. e Chene, G. (2002). Prognosis of HIV-1-infected patients starting highly active antiretroviral therapy: a collaborative analysis of prospective studies. *Lancet,* **360(9327):**119-129.

El-Sadr, W.M., Mullin, C.M. e Carr, A. (2005). Effects of HIV disease on lipid, glucose and insulin levels: results from a large antiretroviral naive cohort. *HIV Med.,* **3(6):**114-121.

Estrada, V. e Portilla, J. (2011). Dislipidemia relacionada com a terapia antirretroviral, *AIDS,* **10(13):**49-56.

Eylar, E., Baez, I., Nevas, J. e Mercado, C. (1996). Os níveis sustentados de ácido ascórbico são tóxicos e imunossupressores para as células T humanas. *P R Health Sci J.,* **15(1):** 21-26

Fauci, A.S. (1993): Multifatorial nature of human immunodeficiency virus disease: implications for therapy, *Science,* **12(62):**1011-1018.

Fichtenbaum, C.J., Hadigan, C.M. e Kotler, D.P. (2005). Tratamento de complicações morfológicas e metabólicas em pacientes infectados pelo HIV em terapia antirretroviral. *IAPAC Monthly,* **10(3):**38-46.

Fischl, M.A, Richman, D.D. e Flexner C. (1997). Estudo de fase I/II da toxicidade, farmacocinética e atividade do inibidor da protease do VIH SC-52151. *J Acquir Imm Defic Syndr Hum Retrovirol,* **4(15):**28-34.

Fischl, M.A., Richman, D.D., Grieco, M.H., Gottlieb, M.S., Volberding, P.A., Laskin, O.L., Leedom, J.M., Groopman, J.E., Mildvan, D. e Schooley, R.T. (1987). The Efficacy of azidothymidine (AZT) in the treatment of patients with AIDS and AIDS-related complex, a double-blind, placebo-controlled trial, *Eng. J. Med.,* **317(4):** 185-191.

Fisher, B. Harvey, R.P. e Champe, P.C. (2007). *Lippincott's Illustrated Reviews: Microbiology (Lippincott's Illustrated Reviews Series).* Hagerstown, MD: Lippincott Williams & Wilkins, Pp. 106-121.

Fiske, W.D., Benedek, I.H. e White, S.J. (1997). Pharmacokinetic interaction between DMP-266 and nelfinavir mesylate in healthy volunteers, *37th Interscience Conference on Antimicrobial Agents and*

Chemotherapy **15(275):** 174-177

Fiske, W.D., Benedek, I.H. e White, S.J. (1998). Interação farmacocinética entre o efavirenz e o mesilato de nelfinavir em voluntários saudáveis; 11: 144-148.

Flexner, C. (1998). HIV-protease inhibitcrs, *N Engl J Med,* **23(338):**1281-1292.

FMOH (2003). *Inquérito Sentinela Nacional de Seroprevalência do VIH.* Abuja: Ministério Federal da Saúde.

FMOH (2008). Relatório Técnico do Inquérito Sentinela Nacional de Seroprevalência do VIH/Sífilis entre Mulheres Grávidas que frequentam clínicas pré-natais na Nigéria" Abuja, Nigéria.

FMOH. (2010a). Relatório Técnico do Inquérito Sentinela Nacional de Seroprevalência do VIH/Sífilis entre Mulheres Grávidas que frequentam clínicas pré-natais na Nigéria" Abuja, Nigéria.

FMOH. (2010b). National guidelines for HIV/AID treatment and care in adolescents and adults, Ministério Federal da Saúde, Abuja-Nigéria, Pp. 17-18.

Fontas, E., Vanleth, F. e Sabin, C. (2004). Perfis lipídicos em doentes infectados pelo VIH que recebem terapia antirretroviral combinada: os diferentes medicamentos anti-retrovirais estão associados a diferentes perfis lipídicos? *J infect Dis.* **22(189):**1056-1074.

Francis, M.A. e Onyinye, A. (2011). Efeito da HAART no perfil lipídico da população nigeriana infetada pelo VIH, *Afr J Biotech Res.,* **59(9):** 282-286.

Franssen, R., Sankatsing, R. e Hassink, E. (2009). Nevirapine increases high density lipoprotein cholesterol concentration by stimulaticn of apolipoprotein A1 production, *Aterioscler Thromb Vasc Biol,* **6(29):**1336-1341.

Friedewald, W.T., Levy, R.I. e Fredrickson, D.S. (1972). Estimation of LDL-C in plasma without the use of the preparative ultracentrifuge, *Clin. Chem.,* **18(6):** 499 - 502.

Friis-Moller, N, Reiss, P. e Sabin, C.A. (2007). Class of antiretroviral drugs and the risk of myocardial infarction, *N Engl J Med,* **356(17):**1723-1735.

Gadd, C. (2005). HIV causes metabolic disturbances in the absence of antiretroviral therapy, adaptado de: website http://wwwaidsmap.comen/news.

Gallant, J, Staszewski, S. e Pozniak, A. (2004). Efficacy and safety of tenofovir DF vsstavudine in combination therapy in antiretroviral naïve patients: a 3-year randomized trial, *JAMA,* **15(295):**191-201

Gallant, J., DeJesus, E. e Arribas, J.R. (2006). Tenofovir DF, emtricitabina e efavirenzvszidovudina, lamivudina e efavirenz para o VIH, *N Engl J Med,* **23(354):**251-260

Ganser-Pornillos, B.K, Yeager, M. e Sundquist, W.I. (2008). A biologia estrutural da montagem do VIH, *Curr.Opin.Struct. Biol.,* **4(18):**203-217.

Garg, H., Mohl, J. e Joshi, A. (2012). HIV-1 induced bystander apoptosis, *Viruses,* **4 (11):** 3020-3043.

Gatmaitan, Z.C. e Arias, I.M. (1993). Structure and function of P-glycoprotein in normal liver and small intestine, *Adv Pharmacol.* **3(24):**77-97.

Gil, L., Martinez, G., Gonzalez, I., Alvarez, A., Molina, R., Tarinas, A., Leon, O. S. e Perez, J. (2003). Contribuição para a caraterização do stress oxidativo em doentes com HIV/SIDA, *J. Pharm. Res.,* **5(47):**217-224.

Gil, L., Tarinas, A., Hernandez, D., Riveron, V. B., Perez, D., Tapanes, R., Capo, V. e Perez, J. (2011). Índices de estresse oxidativo alterados relacionados ao marcador de progressão da doença em pacientes infectados pelo vírus da imunodeficiência humana com terapia antirretroviral, *J de Biomed e Caminho do Envelhecimento,* **1 (1):** 8-15.

Gilbert, P.B, McKeague, I.W., Eisen, G., Mullins, C., Gueye-Ndiaye, A., Mboup, S. e Kanki, P.J. (2003). Comparison of HIV-1 and HIV-2 infectivity from a prospective cohort study in Senegal, *Statistics in Med.,* **22 (4):** 573-593.

Gkarnia, K.E. e Klotsas, A.E. (2007). HIV and HIV Treatment: effects on fats, glucose and lipids. *BMB,* **27(1093):**1-20.

Greene, W.C. (2007). A history of AIDS: Looking back to see ahead, *Eur J Immunol,* **37(1):** 94-102

Gregor, M. e Hotamisligil, G. (2007). Adipocyte stress: the endoplasmic recticulum and metabolic disease, *J Lipid Res,* **3(48):**1905-1914

Grinspoon, S. e Carr A. (2005). Cardiovascular risk and body fat abnormalities in HIV infected adults, *N Engl J Med,* **15(354):**48-62

Groux, H., Torpier, G., Monte, D., Mouton, Y., Capron, A. e Amcisen, J.C. (1992). Ativação - morte induzida por apoptose em células T CD4 de indivíduos assintomáticos infectados com VIH. *J Exp Med,* **13(175):**331- 340.

Guss, D.A. (1994). A síndrome da imunodeficiência adquirida: uma visão geral para o médico de emergência, Parte 1. *J Emerg Med,* **12 (3):** 375-384.

Hadigan, C., Meigs, J.B. e Corcoran, C. (2001). Anomalias metabólicas e factores de risco de doenças cardiovasculares em adultos com infeção pelo vírus da imunodeficiência humana e lipodistrofia. *Clin Infect Dis,* **5(32):**130-139.

Halliwell, B. e Gutteridge J.M. (1990). Free Radicals in Biology and Medicine, *Nova Iorque: Oxford Univ. Press*, **3(20)**:105-111.

Halliwell, B. e Gutteridge, J.C. (1995). The definition and measurement of antioxidants in biological systems, *Free RadicBiol Med*; **4(18)**:125-126.

Hammer, S.M., Katzenstein, D.A. e Hughes, M.D. (1996). A trial comparing nucleoside monotherapy with combination therapy in HIV infected adults with CD4 cell count from 200 to 500 per cubic millimeter, AIDS clinical trials group study 175 study team, *N. Engl J Med.*, **56(335)**:1081-1090.

Hanson, D.L, Chu, S.Y., Farizo, K.M. e Ward, J.W. (1995). Distribuição dos linfócitos T CD4 no momento do diagnóstico da definição da síndrome da imunodeficiência adquirida e de outras doenças relacionadas com o vírus da imunodeficiência humana. The Adult and Adolescent Spectrum of HIV Disease Project Group, *Arch Intern Med*, **21(155)**:1537-1542.

Haque, M.R. e Soonthorndhada, A. (2009). Risk perception and condom use among Thai youths: findings from Kanchanaburi demographic surveillance system site in Thailand, *J Health Popul Nutr*, **27(6)**: 772-783.

Harry, T.O., Bubbuk, D.N., Idrisa, A. e Akoma, M.B. (1994). Infeção pelo VIH entre mulheres grávidas: uma situação que se agrava em Maiduguri, Nigéria. *Trop Geogr Med,* **13(46)**:46-47.

Hattingh, Z., Walsh, C., Veldman, F.J. e Boster, C.J. (2009). The metabolic profiles of HIV infected and non-infected women in managaung, South Africa, *S Afr J Clin Nutr,* **22(1): 1-6.**

Hayes, J.D. e Strange, R.C. (1995). Potential contribution of the gluta- thione S-transferase supergene family to resistance to oxidative stress, *Free Radic Res,* **10(22)**: 193-207.

Hazuda, D.J., Young, S.D. e Guare, J.P. (2004). Integrase inhibitors and cellular immunity suppress retroviral replication in rhesus macaques, *Science,* **25(305)**:528-532.

Henrik, F. (2005). Micronutrients and HIV infection: a review of current evidence, *World Health Org. Departament Nutr Health Dev.*, Pp. 1-56

Herzenberg, L.A., De-Rosa, S.C. e Dubs, J.G. (1997). A deficiência de glutatião está associada a uma diminuição da sobrevivência na doença do VIH, *Proc. Health Sci J*, **15(1)**: 21-26.

Hiransuthikul, N., Hiransuthikul, P. e Kanasook, Y. (2007). Lipid Profiles of Thai Adult HIV Infected Patients Receiving Protease Inhibitors, *Sourtheast Asian J Trop Med Public Health,* **38(1)**:69-77.

Hogg, R.S., Yip, B., Kully, C., Craib, K.P., O'Shaughnessy, M.V. e Schechter, M.T. (1999). Melhoria da sobrevivência dos pacientes infectados pelo VIH após o início de regimes anti-retrovirais com três fármacos. *CMAJ,* **160(5)**: 659-665.

Hommes, M.J., Romijn, J.A., Endert, E., Eeftinck-Schattenkerk, J.K. e Sauerwein, H.P. (1991). Insulin sensitivity and insulin clearance in human immunodeficiency virus- infected men, *Metabolism*, **15(40):** 651-656.

Hoxie, J.A, Alpers, J.D. e Rackowski, J.L. (1986). Alterações na proteína T4 (CD4) e na síntese de mRNA em células infectadas com HIV, *Science,* **7(28):**1123-1127.

Hruz, P., Murata, H. e Mueckler M. (2001). Consequências metabólicas adversas da terapia com inibidores da protease do VIH: a procura de um metabolismo central, *Am. J. Physiol,* **21(280):**549-553

Hui, D.Y. (2003). Effects of HIV PIs therapy on lipid metabolism, *Prog Lipid Res,* **13(42):**81- 92

Hulgan, T., Haubrich, R. e Riddler, S. (2011). Haplogrupo de ADN mitocondrial europeu e alterações metabólicas durante a terapia antirretroviral no estudo A5142 do grupo de ensaios clínicos da SIDA, *SIDA,* **4(25):**37-47

Hunt, N.H. e Stocker R. (1990). Oxidative stress and the redox status of malaria-infected erythrocytes, *Blood Cells*, **15(16):**499-526.

Hunt, P.W., Deeks, S.G. e Rodriguez, B. (2003). Continued CD4 cell count increases in HIV-infected adults experiencing 4 years of viral suppression on antiretroviral therapy, *AIDS*, **8(17):**1907-1915.

Hymes, K.B., Greene, J. B. e Marcus, A. (1981). Sarcoma de Kaposi em homens homossexuais: A report of eight cases, *Lancet,* **3(2):**598-600.

Ibeh, B.O., Habu, J.B. e Eze, S.C. (2013). Níveis discordantes de superóxido dismutase e catalase observados em pacientes com HIV ingênuos e experientes em TARV no sudeste da Nigéria, *J. Infec. Dis. Ther.,* **2(1):** 8-16

Iffen, T.S., Efobi, H., Ussoro, C.O. e Udonwa, N.E., (2010). Perfil lipídico dos seropositivos que frequentam o Hospital Universitário de Calabar, *World J. Med.l Sc.,* **5(4):** 89-93.

Iloeje, U.H., Yuan-Iloeje, U.H., Yuan, L. e Italien, G. (2005). Protease inhibitors exposure and increased risk of cardiovascular disease in HIV infected patients, *HIV Med,* **4(6):**37-44.

Comité Internacional para a Toxonomia dos Vírus (2006). Lentivírus. Institutos Nacionais de Saúde, 2006

Jareno, E.J., Bosch-Morell, F., Fernàndez-Delgado, R., Donat, J. e Romero, F.J. (1998). Serum malondialdehyde in HIV seropositive children, *Free Radic Biol Med.,* **24(3):**503-506.

Jaruga, P., Jaruga, B., Gackowski, D., Olczak, A., Halota, W., Pawlowska, M. e Olinski, R. (2002). Supplementation with Antioxidant Vitamins Prevents Oxidative Modification of DNA in

Lymphocytes of HIV-infected Patients. *Free Rad Biol Med.* **32(5)**:414-420

Jean-Paul, V.C, Marianne, B., Jean-Baptiste, H., Laurent A., Cecile, R., Nathalie, P., Maria L.[1] Chantal, R., e Christine R. (2004). Impact of 5 years of maximally successful highly active antiretroviral therapy on CD4 cell count and HIV-1 DNA level, *AIDS*, **23(18)**:45-49.

Jenny, A. (2003). Um doente com Mycobacterium Avium disseminado refratário após reconstituição imunológica localizada de MAC. *AIDS Clinical care,* **3(4)**:24-25.

Johane, P. A., Elaheh A., Jenny C., Irving S., e Sharon W. (1998). Oxidative stress and plasma antioxidant micronutrients in humans with HIV infection, *Amer J. Clin. Nutri,* **22(67)**:143-147.

Judith, A., e Aberg, M.D. (2003). Cardiovascular Risk among HIV positive patients on Antiretroviral therapy, *Int Assoc Phys in AIDS Care,* **2(2):** 21-25.

Judith, L. N., Julius, O., David, Musoro, F., Lucein, H., Etame, e Dora, M. (2006). The effect of different combination therapies on oxidative stress markers in HIV infected patients in Cameroon, *AIDS Res. Ther.,* **5(3)**:19-15.

Kahn, C.R. (1978). Insulin resistance, insulin insensitivity, and insulin unresponsiveness: a necessary distinction, *Metabolism,* **10(27)**:1893-1902.

Kahn, R., Buse, J. e Ferrannini, E. (2005). The Metabolic Syndrome: Time for a Critical Appraisal. Joint statement from the American Diabetes Association and the European Association for the Study of Diabetes, *Diabetes Care,* **13(28)**:2289-2304.

Kashou, A.H. e Agarwal, A. (2011). Oxidantes e Antioxidantes na Patogénese do VIH/SIDA, *Open Repro. Sc. J.,* **5(3)**:154-161.

Katzung, G.B. (2007). *Basic and Clinical Pharmacology,* 10th edition, McGraw Hill Company, New York, Pp. 810-821.

Khiangte, L., Vidyabati, R.K., Signh, M.K., Bilasini, D., Rajen, S. e Gyaneshwar, S.V. (2007). A study of serum lipid profile in Human Immunodeficiency Virus (HIV) Infected patients, *Indian Acad. Clin. Med.,* **8(4):** 307 - 311.

Kiser, J., Gerber, J. e Predhomme J. (2008). Interação medicamentosa entre lopanavir/ritonavir e rosuvastatina em voluntários saudáveis, *JAIDS,* **6(47)**:570-578.

Kivisto, K.T., Bookjans, G., Fromm, M.F., Griese, E.U., Munzel, P. e Kroemer, H.K. (1996). Expression of CYP3A4, CYP3A5, and CYP3A7 in human duodenal tissue, *Br J Clin Pharmacol,* **23(42)**:387-389.

Klatt, E.C. (1999). Pathology of AIDS, versão 8, *Inst Inter Acid Vaccine Res Report,* **11(4):** 211-223.

Koga, Y, Lindstrom, E, Fenyo, E.M., Wigzell, H. e Mak, T.W. (1988). High levels of heterodisperse RNAs accumulate in T cells infected with human immunodeficiency virus and in normal thymocytes, *Proc Natl Acad Sci USA*, **(7)85:**4521-4525.

Koppel, K., Bratt, G. e Schulman, S. (2002). Hypofibrinolytic state in HIV infected patients treated with protease inhibitors containing highly active antiretroviral therapy, *JAIDS,* **15(29):**441-449.

Krieger, N. e Appleman, R. (1986). The politics of AIDS", Frontline Pamphlets, *Inst. Social and Econ. Stud.,* **11(24):**321-342.

Kumar, G.N., Rodrigues, A.D., Buko, A.M. e Denissen, J.F. (1996). Cytochrome P450- mediated metabolism of the HIV-1 protease inhibitor ritonavir (ABT-538) in human liver microsomes, *J Pharmacol Exp Ther,* **112(277):**423-431.

Kumar, V., Abbas, A.K. e Fusto, O (2004). *Disease of Immunity, em Robin e Cotran Pathogenic Basis of Disease*, 7th edition, Elsevier Sounders, pp. 245-254

Kumar, P.N., Rodriguez-French, A. e Thompson, M.A. (2006). A prospective, 96-week study of the impact of trizivir, combivir/nelfinavir, and lamivudine/stavudine/nelfinavir on lipids, metabolic parameters and efficacy in antiretroviral-naive patients: effect of sex and ethnicity, *HIV Med,* **10(7):**85-98.

Kumar, A. e Sathian, B. (2011). Assessment of Lipid profile in patients with HIV without antiretroviral therapy, *Asian Pacific J. Trop. Dis.,* **7(12):**24-27.

Lee, E.C, Walmsley, S. e Fantus, I.G. (1999). Novo início de diabetes mellitus associado à terapia com inibidores de protease num paciente HIV positivo: relato de caso e revisão, *CMAJ,* **161(2):**161-164.

Lee, L.S., Androde, A.S. e Fleener C. (2006). Interação entre produtos naturais de saúde e ARVs: efeitos farmacocinéticos e farmacodinâmicos, *Clin Infect Dis,* **21(43):**1052-1059.

Leither, J.M., Pernerstorfer-Schoen H., Weiss, A., Schindler, K., Reiger, A. e Jilma, B. (2006). Idade e sexo modalidades metabólicas e marcadores de risco cardiovascular de pacientes após 1 ano de HAART, *aterosclerose,* **187(1):** 177-185.

Lenhard, J., Croom, D.K., Weiel, J. e Winegar, D. (2000). Os inibidores da protease do VIH estimulam a síntese de triglicéridos hepáticos, *Arterioscler Throm Vasc Biol,* **15(20):**2625-2629.

Leonard, R., Zagury, D., Desportes, I., Bernard, J., Zagury, J.F. e Gallo, R.C. (1988). Cytopathic effect of human immunodeficiency virus in T4 cells is linked to the last stage of virus infection, *Proc Natl Acad Sci USA,* **123(85):**3570-3574.

Lewis, W. e Dalakis, M.C. (1995). Toxicidade mitocondrial de medicamentos antivirais. *Nat Med,*

2(1):417-421.

Liang, J., Distler, O. e Cooper, D. (2001). HIV protease inhibitors protect apolipoprotein B from degradation by the proteasome: a potential mechanism for protease inhibitor induced hyperlipidemia, *Nat Med,* **10(7):**1327-1331.

Lizette, G.V., Rosário G.H. e Jorge P.A. (2013). Stress Oxidativo Associado à Progressão da Doença e Toxicidade durante a Terapia Antiretrcviral na Infeção pelo Vírus da Imunodeficiência Humana, *J of Vir Micro,* minipages.

Lonergan, J.T., Behling, C., Pfander, H , Hassanein, T.I. e Mathews, W.C. (2000). Hyperlactatemia and hepatic abnormalities in 10 human immunodeficiency virus infected patients receiving nucleoside analogue combination regimens, *Clin Infect Dis,* **31(1):**162-166.

Lucas, G.M., Chaisson, R.E. e Moore. R.D. (1999). Highly active antiretroviral therapy in a large urban clinic: risk factors for virologic failure and adverse drug reactions, *Ann Intern Med,* **25(131):**81-87.

Machael, O.S. (2013). A evolução da terapia antirretroviral na Nigéria, *Ann Ibd,* **11(2):** 109113.

Maeda, K., Nakata, H. e Koh, Y. (2004). Inibidor de CCR5 à base de espirodicetopiperazina que preserva as interações CC-quimiocina/CCR5 e exerce uma atividade potente contra o vírus da imunodeficiência humana R5 tipo 1 in vitro, *J Virol,* **15(78):**8654-8662.

Makishima, M., Cipriani, S. e Repa, J. (1999). Identification of nuclear recetor for bile acids, *Science,* **131(284):**1362-1365

Mallon, P.W., Unemori, P. e Sedwell, R. (2005). In vivo, os inibidores nucleósidos da transcriptase reversa alteram a expressão dos genes do metabolismo mitocondrial e lipídico na ausência de depleção do ADN mitocondrial, *J Infect Dis.* **98(191):**1686-1696.

Manuela, G., Do, J., Esteban, C. e Malcolm, C.P. (2005). Role of Lipid Peroxidation in the Epidemiology and Prevention of Breast Cancer, *Cancer Epidemiol Biomarkers Prev,* **21(14):** 2829-2839.

Marfatia, Y.S. e Makrandi, S. (2005). Reacções adversas a medicamentos (ADR) devidas a anti-retrovirais (ARV): questões e desafios, *Indian J Sex Transm Dis*; **26 (1):** 2-5.

Marin, B., Thiebaut, R. e Bucher. H.C. (2009). Non-AIDS-defining deaths and immunodeficiency in the era of combination antiretroviral therapy. *AIDS,* **23(13):**1743-1753.

Markovic, I. e Clouse, K. (2004). Recent advances in understanding the molecular mechanisms of HIV-1 entry and fusion: revisiting current targets and considering new options for therapeutic intervention, *Curr HIV Res.,* **5(2):**223-234.

Marx, J.L. (1985). *A* virus by any other name, *Science*, **15(22)**:251-253.

Matthews, D.N. e Reardon, J.E. (1994). Effects of antiviral nucleoside analogs on human DNA polymerases and mitochondrial DNA synthesis, *Antimicrob Agents Chemother*, **16(38)**:2743-2749.

Medina, D.J., Tsai, C.H., Hsiung, G.D. e Cheng, Y.C. (1994). Comparação da morfologia mitocondrial, conteúdo de ADN mitocondrial e viabilidade celular em células de cultura tratadas com três dideoxinucleósidos anti-vírus da imunodeficiência humana. *Antimicrob Agents Chemother,* **38(8)**:1824-1828.

Mehta, S. e Fawzi, W. (2007). Effects of vitamins, including vitamin A, on HIV/AIDS Patients (Efeitos das vitaminas, incluindo a vitamina A, em doentes com VIH/SIDA). *Vitam Horm,* **24(75)**:355-383.

Mellors, J.W., Munoz, A. e Giorgi, J.V. (1997). Carga viral plasmática e linfócitos CD4 como marcadores de prognóstico da infeção pelo VIH-1. *Ann Intern Med.***126(12)**:946-954.

Mgbekem, M.A., John, M.E., Umoh I.B., Eyong, E.U., Ukam, N. e Omotola, B.D. (2011). Micronutrientes antioxidantes plasmáticos e stress oxidativo em pessoas que vivem com VIH, *Pakistan J. Nutr.,* **10 (3):** 214-219.

Millinkovic, A. e Martinez E. (2004). Evirapine in the treatment of HIV, *Expert Rev Anti Infect Ther,* **5(2)**:367-373.

Mills, A., Nelson, M. e Jayaweera, D. (2009). Once daily darunavir/ritonavir vslopinavir/ritonavir in treatment-naïve HIV infected patients; 96-week analysis, *AIDS,* **15(23)**:1679-1688.

Miserez, A.R., Muller, P.Y. e Spaniol, V. (2002). Indinavir inhibits sterol regulatory element-binding protein-1c-dependent lipoprotein lipase and fatty acid synthase gene activations, *AIDS*, **16(12):** 1587-1594.

MMWR Weekly (1982a). Epidemiologic Notes and Reports Persistent, Generalized Lymphadenopathy among Homosexual Males, **31(19):** 249-251.

MMWR Weekly (1982b). Infecções oportunistas e Sarcoma de Kaposi entre haitianos nos Estados Unidos, **31(26):** 353-4, 360-361.

MMWR Weekly (1983a). Epidemiologic notes and reports immunodeficiency among female sexual partners of males with Acquired Immune Deficiency Syndrome (AIDS) , *New York*, **31(52):** 697-698.

MMWR Weekly (1983b). Notas internacionais Síndrome de Imunodeficiência Adquirida (SIDA) - Europa, **32(46):** 610-611

MMWR, Semanal (1981). Kaposi's Sarcoma and Pneumocystis Pneumonia among Homosexual

Men- New York City and California, **30(4):** 305-308.

Mocroft, A., Reiss, P. e Gasiorowski, J. (2010). Doenças graves fatais e não fatais que não definem a SIDA na Europa. *JAIDS.* **55(2):**262-270.

Mocroft, A., Reiss, P. e Gasiorowski, J. (2010). Doenças graves, fatais e não fatais, que não definem a SIDA na Europa. *J Acquir Immune Defic Syndr.* **55(2):**262-270.

Mofenson, L.M. (2003). Advances in the prevention of vertical transmission of human immunodeficiency virus, *Semin Pediatr Infect Dis,* **4(4):**295-308.

Mohammed, I. e Nasidi, A. (2010). The Pathophysiology and Clinical Manifestations of HIV/AIDS, *Ministério Federal da Saúde, Abuja, Nigéria,* pp. 131-150

Montessori, V., Natasha, P., Marianne, H., Linda, A. e Julio, S.G. (2004). Adverse effects of antiretroviral therapy for HIV infection, *CMAJ,* **170(2)** 229-238.

Moses, O.A., Adekunle, A.A. e Ayodele O.O. (2012). Micronutrientes e marcadores de stress oxidativo em nigerianos sintomáticos seropositivos/SIDA: A call for Adjuvant Micronutrient Therapy, *IIOAB Journal,* **2(3):**7-11.

Mulligan, K., Grunfeld, C., Tai, V.W., Algren, H., Pang, M., Chernoff, D.N., Lo, J.C. e Schambelan, M. (2000). Hyperlipidemia and insulin are induced by protease inhibitors independent of changes in body composition in patients with HIV infection, *JAIDS,* **13(23):**35-43.

Murray, C.J. e Lopez, A.D. (1997). Mortality by cause for eight regions of the world, Global Burden of Disease, *Lancet,* **115(349):**1269 - 1276.

Murray, J.S, Elashoff M.R., Iaconc-Connors, L.C., Cvetkovich, T.A. e Struble, K.A. (1999). The use of plasma HIV RNA as a study endpoint in efficacy trials of antiretroviral drugs. *AIDS,* **13(7):**797-804.

Murray, R.K, Granner, D.K, Mayes, P.A e Rodwell V.W. (2000). *Harper's Illustrated Biochemistry,* 25th edition, McGraw-Hill, New York, Pp. 285-297.

Muthumani, K., Choo, A.Y. e Hwang, D.S. (2003). Mechanism of HIV-1 viral protein R- induced apoptosis, *Biochem Biophys Res Commun,* **78(304):**583-592.

Mynarcik, D.C., McNurlan, M.A., Steigbigel, R.T., Fuhrer, J. e Gelato, M.C. (2000). Associação de resistência à insulina grave com perda de gordura nos membros e níveis elevados de receptores do fator de necrose tumoral no soro na lipodistrofia do VIH. *JAIDS,* **10(25):**312-321.

Naik, P. (2010). *Biochemistry,* 3rd edition, Jaypee Brothers Medical Publishers (P) ltd., India, Pp. 618-622.

Nasidi, A. e Takena, O.H. (2004). The Epidemiology of HIV/AIDS in Nigeria, *AIDS in Nigeria*, Pp. 17-36.

Nawal, M.H. (2006). Health consequence of child marriage in Africa, *EID J*, **12(11):** 16441649.

Nicholas, A.M., Nicki, R.C., Brian, R.W. e John, A.A. (2006). *Davidson's Princ. and Prac. Med. de Davidson,* edição de 20th , Elsevier Science Limited, EUA, Pp.384-385.

Nikolas, W., Lisa, P.J., Mardge, C., Audrey, F., John, P., e Alvaro, M. (2014). Causespecific mortality among HIV-infected individuals, by CD4 cell count at HAART initiation, compared with HIV-uninfected individuals, *AIDS*, **28(2):** 257-265.

Noor, M.A., Seneviratne, T. e Aweeka, F.T. (2002). O Indinavir inibe agudamente a eliminação de glucose estimulada pela insulina em humanos: A randomized, placebo-controlled study, *AIDS*, **10(16):**1-8.

Norris, A. e Dreher, H.M. (2004). Síndrome da lipodistrofia: os efeitos morfológicos e metabólicos da terapia antirretroviral na infeção pelo VIH. *J Assoc of Nurses in AIDS care,* **6(15):**46-48.

Notermans, D.W, Pakker, N.G. e Hamann, D. (1999). Immune reconstitution after 2 years of successful potent antiretroviral therapy in previously untreated immunodeficiency virus infected adults, *J Infect Dis*, **121(180):**1050-1056.

Obeagu, E.I., Obarezi, T.N., Ogbuabor, B.N., Anaebo, Q.B. e Eze, G.C. (2014). Padrão de glóbulos brancos totais e valores de contagem diferencial em pacientes HIV positivos que recebem tratamento no Hospital Federal de Ensino Abakaliki, Estado de Ebonyi, Nigéria, *Int. J. Life Sc. Bt e Pharm,* **3(1):**186-189

Obirikorang, C., Agyemang, F.Y. e Quaye, L. (2010). Serum Lipid Profiling in Highly Active Antiretrovial Therapy-naïve HIV Positive Patients in Ghana; Any Potential Risk?, *Inf. Dis,* **1(10):** 51-57

Oduola, T, Akinbolade, A., Oladokun, L., Adeosun, O., Bello, I. e Ipadeola T. (2009). Lipid profiles in people living with HIV/AIDS on ARV therapy in an urban area of Osun State, Nigeria, *World J. Medical Sci.,* **4(1):**18-21.

Oguntibeju, O. O., Esterhuyse A. J. e Trute, E.J. (2010). Possível papel da suplementação com óleo de palma vermelho na redução do stress oxidativo em doentes com VIH/SIDA e TB: uma revisão, *J. Medicinal Plants Res,* **4(3):**188-196.

Olaniyi, J.A. e Arinola, O.G. (2007). Essential Trace Elements and Antioxidant Status in Relation to Severity of HIV in Nigerian Patients (Elementos vestigiais essenciais e estado antioxidante em relação à gravidade do VIH em doentes nigerianos). *Med. Princ. and Prac.,***16(4):**420-425.

Oviosun, U.R., Abubakar, M.G., Hassan, S.W., Agaie, B.M., Sahabi, S.M. (2014). Estudos de toxicidade aguda e crônica do regime antirretroviral em ratos albinos, *Int. J. Sci. Basic App. Res.* **13(2):** 1-30.

Padmapriyadarsini, C., Kumar, S.R., Terrin, N., Narendran, G., Menon, P.A., Geetha, R., Sudha, S., Perumal, V., Wanke, C. e Soumya, S. (2011). Dislipidemia entre os doentes infectados pelo VIH com tuberculose que tomam uma vez por dia um inibidor da transcriptase reversa não-nucleosídeo com base na terapia antirretroviral na Índia, *CID,* **52(4):** 540-546.

Palella, F.J., Delaney, K.M. e Moorman, A.C. (1998). Declínio da morbilidade e da mortalidade entre os doentes com infeção avançada pelo VIH: HIV outpatients study investigators, *N Engl J Med,* **156(338):**853-860.

Pantaleo, G, Graziosi, C. e Fauci, A.S. (1993). The immunopathogenesis of human immunodeficiency virus infection, *N Engl J Med,* **5(28):**327-335.

Papadopulos, E.E., Hedland, T.B., Causer, D.A. e Dufty, A.P. (1989). An alternative explanation for the radiosensitization of AIDS patients. *Int J Radiat Oncol Biol Phys,* **17(3):** 695-697.

Parker, R., Flint, O. e Mulvery, R. (2005). O stress do rectrículo endoplasmático associa a dislipidemia à inibição da atividade do proteassoma e do transporte de glicose pelos inibidores da protease do HIV, *Mol Pharmacol,* **56(67):**1909-1919.

Patki, A.H., Georges, D.L. e Lederman, M.M. (1997). CD4 T-cell counts, spontaneous apoptosis, and Fas expression in peripheral blood mononuclear cells obtained from human immunodeficiency virus type 1-infected subjects. *Clin Diagn Lab Immunol,* **4(6):**736-741.

Patterson, J.W., e Lazarow A. (1955). *Methods of Biochemical Analysis,* 3rd edition, Inter Science, New York, 251-259.

Pauza, C.D, Galindo, J.E. e Richman, D.D. (1990). Reinfection results in accumulation of unintegrated viral DNA in cytopathic and persistent human immunodeficiency virus type 1 infection of CEM cells, *J Exp Med,* **67(172):**1035-1042.

Peters, A.M., Jagger, F.S., Warneke, A., Muller, K. e Brunkhorst, U. (1991). Cytokme Secretion by peripheral blood monocytes from HIV - infected patient. Clin immuol. *Immunopathol,* **56(61):**343-352.

Petil, J.M., Duong, M. e Duvillard, L. (2002). LDL receptors expression in HIV infected patients relation to antiretroviral therapy, hormonal status and presence of lipodystrophy, *Eur J Clin Invest,* **16(32):**354-359.

Phillips, A.N., Sabin, C.A., Mocroft, A. e Janossy, G. (1995). HIV results in the frame: antiviral therapy [carta], *Nature*, **94(375)**:195-196.

Pierson, T.C., Doms, R.W. e Pohlmann, S. (2004). Prospects of HIV-1 entry inhibitors as novel therapeutics, *Rev Med Virol.*, **9(14)**:255-270.

Podzanczer, D., Ferrer, E. e Sanchez, P. (2007). Menos lipoatrofia e melhor perfil lipídico com abacavir em comparação com estavudina: resultado de 96 semanas de um estudo aleatório, *JAIDS*, **23(44)**:139-147

Pol, D. e Mitra, A.K. (2006). MDR-CYP 3A4 mediated drug-drug interaction, *J. Neuroimmune Pharmacol*, **5(1)**:323-339

Porter, N.A., Mills, K.A. e Caldwell, S.E. (1995). Mechanisms of free radical oxidation of unsaturated lipids (Mecanismos de oxidação de radicais livres de lípidos insaturados). **15(30)**:277-290.

Reeds, D., Yarasheski, K. e Fontana, L. (2006). Alteration in liver muscle and adipose tissue insulin sensitivity in men with HIV infection and dyslipidemia, *Am J Physiol Endocrinol Metab*, **123(290)**:47-53.

Reeves, J.D. e Doms, R.W. (2002). Human Immunodeficiency Virus Type 2, *J. General Virology*, **83(6)**: 1253-1265.

Rick, S. (1999). O que é o HTV-III? O recurso completo sobre o VIH/SIDA, disponível em http://www.thebody.com.

Riddle, T., Kuhel, D., Woollet, L., Fichtenbaum, C. e Hui, D. (2001). O inibidor da protease do VIH induz a biossíntese de ácidos gordos e esteróis no fígado e no tecido adiposo devido à acumulação de proteínas activadas de ligação ao elemento regulador do esterol no núcleo, *J. Biol. Chem*, **115(276)**:37514-37519.

Rogowska-Szadkowska, D. e Borzuchowsa, A. (1999). The level of triglyceride, total cholesterol and HDL cholesterol in various stages of HIV infection, *Pol Arch Med Wewn*, **101(2)**:145-150

Rotger, M., Bayard, C. e Taffe, P. (2010). Swiss HIV cohort study: contribution of genome wide significant single nucleotide polymorphism and antiretroviral therapy to dyslipidemia in HIV infected individuals: a longitudinal study, *Circ Cardiovasc Genet*, **23(2)**:621-628

Roula, B.Q., Fisher, E., rublein, J. e Wohl, D.A., (2000). Síndrome da lipodistrofia associada ao VIH, *Pharmacotherapy*, **20(1)**: 13-22.

Sabin, C.A. (2009). Early antiretroviral therapy: the role of cohorts, *Curr Opin HIV, AIDS*, **25(4)**:200-205.

Samba, R..D. e Tany, A.M. (1999). Micronutrientes e a patogénese da infeção pelo vírus da imunodeficiência humana. *British J. Nutr.,* **81(3):** 181-189.

Samuel, A., Sheburne, Q., Richard, J. e Hamill, B. (2003). A síndrome inflamatória da reconstituição imunitária. *AIDS Rev*; **20(3):**67-79

Schambelan, M., Benson, C.A., Carr, A. e Currier, J. (2002). Management of metabolic complication associated with antiretroviral therapy in HIV-1 infection: recommendations of an international AIDS society-USA panel, *JAIDS,* **12(31):**257- 275.

Schols, D. (2004). HIV co-receptors as targets for antiviral therapy, *Curr Top Med Chem,* **21(4):**883-893.

Schwenk, A, Breur, J.P, Kremer, G., Romer, K., Bethe, U. e Franzen, C. (2000). Risk factors for the HIV-associated lipodystrophy syndrome in a cross-sectional single-centre study, *Eur J Med Res,* **5(10):**443-448.

Sekhar, R., Jahoor, F. e Pownall. H. (2005). Uma eliminação gravemente desregulada do triaciglicérido pós-prandial agrava a hipertrigliceridemia na síndrome de lipodistrofia do VIH, *Am J Clin Nutr,* **101(81):**1405-1410

Semba, R.D., Miotti, P. e Chiphangwi J.D. (1997). Deficiência materna de vitamina A e falha no crescimento da criança durante a infeção pelo vírus da imunodeficiência humana. *JAIDS,* **14(3):** 219222.

Sen, S. e Chakraborty R. (2011). The Role of Antioxidants in Human Health, *Educational Society's College of Pharmacy, Kurnool, Andhra,* **15(46):**246-257.

Shah, J.K. e Walker's A.M. (1939). Quantitative Determination of Malondialdehyde, *Biochem Biophys Ata,* **15(11):**207-211

Shahmanesh, M., Das, S. e Stolinski, M. (2005). O tratamento antirretroviral reduz a taxa catabólica fraccionada da lipoproteína de densidade muito baixa e da lipoproteína de densidade intermédia apolipoproteína B em doentes infectados pelo vírus da imunodeficiência humana com dislipidemia ligeira, *J Clin Endocrinol Metab,* **215(90):**755-760.

Shao, J., Yamashita, H., Qiao, L., Draznin, B. e Friedman, J.E. (2002). Phosphatidylinositol 3-kinase redistribution is associated with skeletal muscle insulin resistance in gestational diabetes mellitus, *Diabetes,* **93(51):**19-29.

Shearer, W.T., Rosenblatt, H.M., Schluchter, M.D., Mofenson, L.M. e Denny, T.N. (1998). Immunologic targets of HIV infection: T cells, *Ann NYAcadSci,* **56(693):**35-51.

Shikuma, C.M., Day, L.J. e Gerschenson, M. (2005). Insulin resistance in the HIV-infected population: The potential role of mitochondrial dysfunction, *Curr Drug Targets Infect Disord,*

10(5):255-262.

Sies, H. (1991). Stress oxidativo: Oxidants and Antioxidants. *London: Académico*, **13(2):** 235241

Smith, C. (2010). Factores associados a causas específicas de morte entre indivíduos seropositivos no estudo DAD, *AIDS*, **24(10):**1537-1548.

SOSACA (2014). Dados de HIV/SIDA do Setor da Saúde de 2013 e 2014 apresentados durante a reunião de M&A do estado pelo Diretor, M&A. página 1-7.

Stamfer, M.J., Krauss, R.M., Ma, J., Blanche, P.J., Holl, L.G., Sacks, F.M. e Hennekens, C.H. (1996). A prospective study of triglyceride level, low density lipoprotein particle diameter and risk of myocardial infarction, *JAMA,* **276(11):** 882-888.

Starch, C.H, Theile, D. e Lindenmaier, H. (2007). Comparação da atividade inibidora de fármacos anti-HIV na p-glicoproteína, *Biochem Pharmacol,* **97(73):**1573-1581.

Staszewski, S., Miller, V. e Sabin, C.A. (1999). Determinants of sustainable CD4 lymphocyte count increases in response to antiretroviral therapy, *AIDS,* **24(13):**951- 956.

Stephen, R, David W, Haas, G, e Gilman S. (2001). *Antiretroviral agents: The pharmaeutical basis of therapeutics*, 10th edition, McGraw Hill . 1349-1373.

Stephensen, C.B., Marquis, G. S., Douglas, S. D., Kruzich, L. A. e Wilson, C. M. (2007). Glutationa, glutationa peroxidase e estado do selénio em adolescentes e jovens adultos seropositivos e seronegativos, *Amer J of Clin Nutr.,* **5(1):** 173-174.

Stocker, R. e Keaney J.K. (2004). Role of Oxidative Modifications in Atherosclerosis, *Physiol Rev,* **25(84):**1381-1478.

Terai, C, Wasson, D.B, Carrera, C.J. e Carson, D.A. (1991). Dependence of cell survival on DNA repairs in human mononuclear phagocytes, *J Immunol,* **124(147):**4302-4306.

Tesiorowski, A.M., Harris, M., Chan, K.J., Thompson, C.R. e Montaner, J.G. (2002). Anaerobic threshold and random venous lactate levels among HIV-positive patients on antiretroviral therapy, *JAIDS,* **31(2):**250-251.

Teto, G., Kanmogne, D.G., Torimiro, J., Alemnji, G., Nguemaim, N.F., Nana, H., Tchejak, R. e Asonganyi, T. (2011). Índices de peroxidação lipídica muito elevados em doentes seropositivos sem HAART nos Camarões, *Health Sci. Dis,* **12(4):** 1-4.

Revista Time (1986). Exames de apoio para estudantes, 12-23.

Torriani, F.J., Komarow, L. e Parker, R.A. (2008). Função endotelial em indivíduos infectados com o vírus da imunodeficiência humana e que não receberam anti-retrovirais antes e depois de iniciarem uma terapia antirretroviral potente: Estudo 5152s do ACTG (Grupo de Ensaios Clínicos da SIDA). *J Am Coll Cardiol.* **52(7):** 569-576.

Triant, V.A., Lee, H., Hadigan, C. e Grinspoon, S.K. (2007). Aumento das taxas de enfarte agudo do miocárdio e factores de risco cardiovascular entre os pacientes com a doença do vírus da imunodeficiência humana. *J Clin Endocrinol Metab.,* **112(92):**2506-2512.

Trinder, P. (1969): Annals of Clinical Biochemistry, 6:24, citado em Cheesbrough M., (1992): *Medical Laboratory Manual for Tropical Countries,* vol. 1 (2nd edition), ELBS, Cambridge, 527 - 545.

Tungsiripat, M, Kitch D. e Glesby, M. (2010). Estudo piloto para determinar o impacto na dislipidemia da adição de tenofovir à terapia antirretroviral de fundo estável, ACTG 5206, *AIDS,* **56(24):**1781-1784

Umpleby, A.M., Das, S., e Stolinski M. (2005). Low density lipoprotein apolipoprotein B metabolism in treatment naïve HIV patients and patients on antiretroviral therapy, *Antiviral Ther,* **25(10):**663-670.

UNAIDS (2001): Relata uma redução de 52% nas novas infecções pelo VIH entre as crianças e uma redução combinada de 33% entre adultos e crianças desde 2001". *UNAIDS,* adaptado de http://www.who.int/hiv

ONUSIDA (2010). Relatório da ONUSIDA sobre a epidemia mundial de SIDA, acedido a partir de

http://www.unaids.org./globalreport/documents/20101123_GlobalReport_full_en_pdf.

ONUSIDA (2011). UNAIDS 2011 World AIDS Day Report, *Joint nations programme on HIV/AIDS (UNAIDS),* pg. 1-1C, 20-30 e 40-50, acedido em www.unaids.org/.../JC2216_WorldAIDSday_report_2011_en.pdf

ONUSIDA (2013). 2013 Global Report on AIDS epidemic, *Programa Conjunto das Nações Unidas sobre VIH/SIDA (ONUSIDA),* acedido a partir de www.unaids.org.

Fundo das Nações Unidas para a Infância (2002). Young people and HIV/AIDS opportunity in crisis, *Nova Iorque, NY:3UN Plaza,* 35-36.

Vanwilk, J., Cabezas, M., Dekoning, E., Rabelink, T., Vander, G.R. e Hoepelman I. (2005). In vivo evidence of impaired peripheral fatty acid trapping in patients with HIV associated lipodystrophy, *J Clin Endocrinol Metab,* **162(90):**3575-3582

Vonderen, M.G, Hassink, E.A, Van, A. e Agtmael M.A. (2009). Aumento da espessura da íntima média da artéria carótida e da rigidez arterial, mas melhoria de vários marcadores da função endotelial após o início da terapia antirretroviral, *J Infect Dis,* **224(199):**1186-1194.

Vonhenting, N. (2008). Atazanavir/ritonavir: a review of its use in HIV therapy, *Drugs Today (Barc)*, **114(44)**:103-132.

Wacher, V.J., Wu, C.Y. e Benet, L.Z. (1995). Sobreposição de especificidades de substrato e distribuição tecidular do citocromo P450 3A e da glicoproteína-P: implicações para a administração de medicamentos e atividade na quimioterapia do cancro. *Mol Carcinog* **25(13)**:129-134.

Wain-Hobson, S, Alizon, M. e Montagnier L. (1985). Relationship of AIDS to other retroviruses. *Nature*, **313(6005)**:743.

Walker, U.A, Bickel, M.. e Lutkevolksbeck, S.I. (2002). Evidência de defeitos genéticos e estruturais das mitocôndrias associados aos inibidores da transcriptase reversa análogos de nucleósidos no tecido adiposo de pacientes infectados pelo VIH. *JAIDS*, **14(29)**:117-121.

Wanchu, A., Rana, S. V., Pallikkuth, S. e Sachdeva, R. K. (2009). Comunicação breve: Oxidative Stress in HIV-Infected Individuals: a Cross-Sectional Study, *AIDS Res Hum Retroviruses*, **25(12)**:1307-1311.

Wang, X., Chai, H. e Yao, Q. (2007). Mecanismos moleculares da disfunção endotelial induzida pelo inibidor da protease do VIH, *JAIDS*, **44(5)**: 493-499.

Waris, G. e Ahsan, H. (2006). Reactive oxygen species: role in the development of cancer and various chronic conditions, *J of Carcinogenesis*, **12(5)**:14-16.

Watkins, B.A., Dom, H.H. e Kelly, W.B. (1990). Tropifm específico do HIV-1 para microghaceus em cultura primária de cérebro humano, *Sci*, **249(4968)**: 549-553.

Weiss, J., Weiss, N, e Ketabi-Keyamwash, N. (2008). Comparação da indução da atividade da p-glicoproteína em nucleótidos, nucleósidos e NNRTs, *Eur J Pharmacol*, **78(579)**:104-109.

OMS (2003). Scaling up retroviral therapy in resource limited settings, Retirado de www.who.int/unaids/hiv em 17-01-2006.

OMS (2014). Resumo global da epidemia de SIDA em 2013, fonte: Relatório de progresso da resposta global à SIDA OMS/UNICEF/ONUSIDA

Wienker, L.C, e Health, T.G. (2005). Predicting *in vivo* drug interactions from *in vitro* drug discovery data, *Nat Rev Drug Discov.*, **15(4)**:825-833

Worm, S., Sabin, C. e Weber, R. (2010). Risk of myocardial infarction in patients with HIV infection exposed to specific individual antiretroviral drugs from the 3 major drug classes: the data collection on adverse events of anti HIV (DAD) study, *J Infect Dis*, **341(201)**:318-330.

Yahaya, N.I. (2011): *Some Biochemical Effect of Antiretroviral Drugs in HIV/AIDS Patients*,

Dissertação de Mestrado, Departamento de Bioquímica, Universidade Usmanu Dafodiyo, Sokoto-Nigéria.

Young, I.S., e Woodside, J.V. (2001). Antioxidants in health and disease (Antioxidantes na saúde e na doença), *J Clin Pathol,* **25(54):**176-186

Ziegler, J.B., Cooper, D.A., e Johnson, R.O. (1985). Postnatal transmission of AIDS- associated retrovirus from mother to infant, *Lancet* **28(1):**896-898.

Zimmermann, R, Panzenbock, U. e Wintersperge, A. (2001). Lipoprotein lipase mediates the uptake of glycated LDL in fibroblast endothelial cells and macrophages, *Diabetes,* **26(50):**1643-1653.

Zuich, K.M. e Lane, H.C. (1991). Anomalias imunológicas na infeção pelo VIH, *Hemato Oncol Clin North,* **5(2):** 215-218.

yes
I want morebooks!

Buy your books fast and straightforward online - at one of world's fastest growing online book stores! Environmentally sound due to Print-on-Demand technologies.

Buy your books online at
www.morebooks.shop

Compre os seus livros mais rápido e diretamente na internet, em uma das livrarias on-line com o maior crescimento no mundo! Produção que protege o meio ambiente através das tecnologias de impressão sob demanda.

Compre os seus livros on-line em
www.morebooks.shop

Printed by Books on Demand GmbH, Norderstedt / Germany